网页广告设计实战

一眼就心动的Banner

[日]加藤洸 著
朱悦玮 译

辽宁科学技术出版社
沈阳

序　言

网页上的横幅广告俗称banner，
是所有广告中尺寸最小的。

广告指的是将商品和服务“广而告之”。
网页上的信息浩如烟海，
为了在这样的空间中脱颖而出，
横幅广告的内容必须“一目了然”。
因此，如果不在设计上下功夫就无法吸引用户的眼球，
广告就无法取得预期的效果。

本书将给大家介绍
让网页的横幅广告一目了然的方法。

本书的使用方法

PART1 基本技巧

在PART 1中我将为大家介绍网页横幅广告设计的8个基本技巧。对于不知道应该从什么地方着手的人，推荐从这部分开始阅读。

PART2~7 具体应用

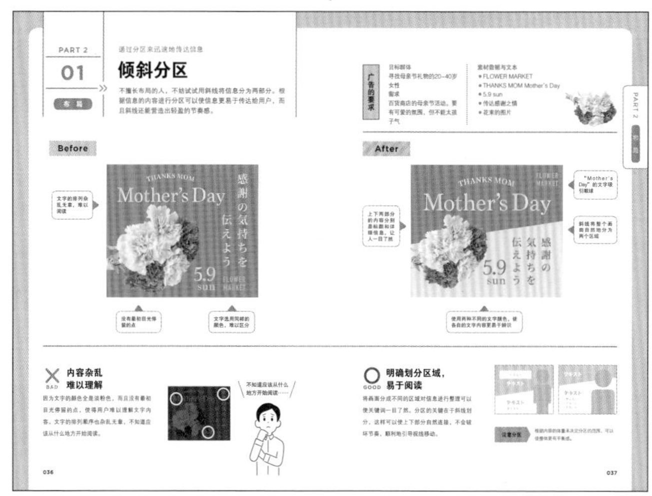

PART 2~7用对比图的形式对网页横幅广告的具体应用示例进行解说。示例以位于页面右上角的“广告的要求”为基础制作。大家可以参考这些广告要求自己试着练习一下学到的技巧。

目　录

PART 5

人物

用人脸和目光来吸引视线的技巧

PART 6

美化和调整

对图片进行美化和调整

PART 7 搭配与特效

用合理的搭配与特效做出吸引人的设计

注意事项

※ 本书中示例的商品、企业、住址等信息全部为虚构。为了便于解说，并没有严格遵守全部的广告规则和法规。

※ 本书的示例均使用 Photoshop 制作。书中所示的 Photoshop 操作界面可能因不同操作系统和版本而有所不同。

※ 本书中提供的 RGB 和颜色代码的数值为参考值。可能因印刷方式、纸张、素材、显示器的不同而有所差异，望周知。

中文版说明

※ 为保留整体设计效果，书内所有广告设计保留了原有日文字体。读者在实际设计过程中，可学习其中设计创意及技巧，举一反三。

正式开始设计之前先整理一下吧!

在制作网页横幅广告的时候,绝对不能一上来就设计。如果不先整理信息,就可能设计出与客户要求截然相反的作品。因此,在正式开始制作之前一定要确认以下两点。

务必确认

01

整理信息

目的是什么?

确认客户发布广告的目的。是为了宣传新商品,还是宣传折扣和活动?务必确认广告的目的。

新商品
活动
折扣

发布场所在哪里?

不同场所的广告尺寸和使用规则各不相同。确认客户广告的发布场所以及规则和要求。

自己公司的网站
GDN
SNS

目标群体是谁?

确认广告的目标群体。通过把握年龄、性别、职业等信息,可以更有针对性地进行设计。

务必确认

02

素材和工期

印象与氛围

确认客户对设计风格和颜色搭配是否有要求。在正式开始之前尽可能准确把握设计方向。

文字与素材

确认客户提供的素材是否充足。有的顾客不会提供图片素材，在这种情况下需要和客户确认是否由我方准备素材。

工期

广告设计得再好，如果不能按时提交也毫无意义。所以必须明确工期。

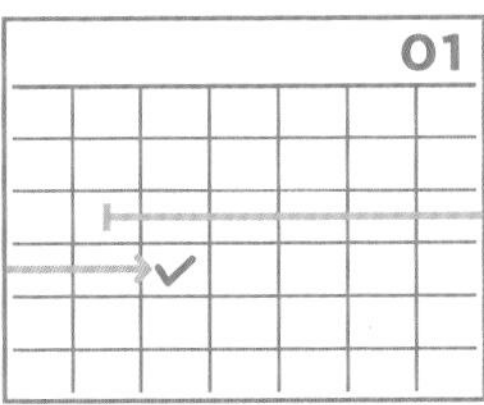

PART 1 基本

如何制作一目了然的广告？

什么是
一目了然的网页广告

网页广告的关键在于让人有点击的冲动。所以网页广告的内容必须设计得吸引眼球。

虽然听起来很难做到，但只要掌握了接下来介绍的这8个基本技巧，你的网页广告设计水平就会得到飞跃性的提升。

PART 1

01

基 本

迅速、一目了然传递信息的技巧

张弛有度、错落有致

网页广告的文字和颜色要做到张弛有度、错落有致。根据信息的优先级来调整尺寸，就能使想要传递的信息一目了然。

根据信息的优先级调整“尺寸大小”

没有做到张弛有度、错落有致

- 虽然看起来很整洁，但没有吸引眼球的点
- 每个单词没做到一目了然
- 关键信息“折扣率（%）”不突出

SUMMER BARGAIN
80% MAX OFF
CLICK

张弛有度、错落有致

- 想要传达的信息最为突出
- 文字尺寸大小不同，信息一目了然
- “80%”的字样尺寸最大，让人立刻就知道广告内容

POINT 1

最想传达的信息用最显眼的尺寸

要想第一时间将信息传达出去，放大信息的尺寸是最有效的方法。首先给信息区分优先级，明确哪些是最想传达的信息，然后根据优先顺序调整文字的尺寸差异。

如果感觉难以把握的话……

将整段话分成多个单词，然后每个单词一行，根据各行的文字数量调整尺寸，这样就能做到张弛有度、错落有致。

△ あの人気シューズが今だけ半額

○ あの人気シューズが
今だけ
半額

上图示例的关键信息是“限时半价”，通过将这几个字放大，就能引起用户的兴趣。

POINT 2

放大数字、缩小单位

“数字”和“金额”都是很容易吸引人的信息。折扣率和排行榜的数字都有很强的吸引力，金额则是能够使人感觉优惠力度和实惠的信息。此时，缩小数字后面的单位，就能使数字更加显眼、一目了然。

期間限定
19,800円
50%OFF 今だけ全品

再加上其他要用的文字，就会使数字更加显眼。

POINT 3

缩小优先度比较低的助词

文字全部一样大小的情况下很难突出重点，如果无法像POINT 1那样放大关键信息，可以采用只缩小“助词”的方法。将助词缩小后，位于其两侧的文字就会相对突出一些，更加一目了然。

冬の抽選会がお得

冬の抽選会がお得

通过缩小助词，使想要强调的文字更加突出。

PART 1

02

基 本

提高品质，选择字体的技巧

字体

不管画面搭配得多么巧妙，如果选错了字体，都会给人留下廉价的印象。选择与整体氛围和主题相符的字体，就可以使设计变得更加高雅美观。

根据主题选择合适的字体

主题与字体不匹配

- 给人一种廉价的印象
- 字体种类太多，缺乏统一感

主题与字体印象接近

- 画面充满高级感
- 有美感，令人憧憬
- 文字清晰，一目了然

POINT

1 画面上的字体要“粗”

要想第一时间将信息传达出去，使用较粗的字体比较好。粗字体能够增加文字的面积，提高辨识度，将重点信息迅速地传递出去。如果必须使用细字体的话，最好将文字的尺寸放大一些。

どこよりもお得に!!
月額500円で使い放題

どこよりもお得に!!
月額500円で使い放題

使用更粗的字体可以使信息一目了然

POINT

2 不要使用太多种类的字体

使用太多字体种类会使画面看上去乱七八糟，尤其在尺寸比较小的网页广告中，会使用户更难把握信息内容。在一个网页广告中最好只用一种字体。如右图所示，想要重点突出的信息①用最粗的字体，其次的信息②用较粗的字体，补充说明的信息③用细字体，通过调整字体的粗细，可以在营造画面统一感的同时做到张弛有度。

Family字体

Family字体中有许多不同的weight（文字的粗细）版本，非常便于对画面进行调整。

最想传达的信息①用最粗的文字。文字的数量越少越容易在一瞬间将信息传达出去。

POINT

3 推荐的字体

在不知道应该如何选择字体的时候，不妨试试“Gothic”和“明体”，只要用这两种字体就足以应对绝大多数的网页广告设计。基础的广告就用“Gothic”，想突出历史、和风、美感等效果的话就用“明体”。

永あ
Noto Sans
永あ
Noto Serif
Aa
URW DIN
Aa
Adobe Garamond

※可以使用Google Fonts和Adobe Fonts。

PART 1

03

基 本

利用一目了然的布局来整理信息

布局

清晰合理的布局能够使想要传达的信息一目了然，让用户准确地理解广告内容。根据文字和图片的内容来合理地安排布局吧！

根据文字和图片的内容安排布局

难以理解的布局

- 给人留下文字太多难以阅读的印象
- 人物过于显眼
- 右上角的留白很突出

一目了然的布局

- 可以按顺序阅读文字
- 商品更容易吸引眼球
- 视线自然地流动

POINT 1

根据意义和作用来进行分组

合理地安排文字与图片的位置，可以让用户更容易把握广告的内容。因此，根据内容的意义、数量和作用进行分组非常重要。

✕ 常见的错误

忽视文字意义的分组让人很难理解！

左图虽然将文字用黑底白字的形式分组表现，但文字的意义乱七八糟，无法让用户顺利地理解其中的内容。

STEP 1 根据文字的内容进行分组

文字内容可以是广告宣传、性能和特征，或促销活动。根据不同的文字内容来进行分组，可以将信息迅速地传递出去。

STEP 2 使用能够传达信息的颜色

因为这是一款制冷商品，所以使用能够给人留下凉爽感觉的蓝色作为配色。用来表示性能的3个分组采用和商品同样颜色的黑色，更易于传达商品的信息。

POINT 2

很小的空间也要合理分区

将文字和图片分组，同时相互之间保持一定距离，这样就会产生留白。如果在很大的空间上，可以利用留白来进行分区，但在尺寸很小的网页广告上，想利用留白来分配布局就显得非常困难。这时可以使用边框和颜色来进行分区，整理信息。

✕ 常见的错误

信息过于靠近！难以使用留白进行分区

在横幅广告这样狭小的空间中，文字和图片之间难以拉开距离，很难利用留白进行分区。

用黑底白字使信息一目了然

STEP 1 用黑底白字来吸引眼球

即便所有的文字都用横向排列，只要布局合理也可以设计出漂亮的广告页面。将单词分割成文字，给其中的一部分文字增添背景和边框，或者给整个文字都添加背景，就能实现合理的分区。

STEP 2 利用颜色分割背景

在同一个区域内添加的文字越多，用户理解内容所需的时间就越多。在这种情况下，通过改变背景颜色将整个页面分为2~3个区域，就可以使文字信息在一定程度上被区分开，在视觉上更便于阅读。

POINT 3

调整重叠部分和重心的平衡

横幅广告因为空间有限，所以在内容很多的情况下很容易出现文字与图片重叠在一起的情况。如果是文字重叠在一起就难以辨识，所以尽量将图片重叠，给文字留出充足的空间。此外，为了保持整体的平衡感，在安排布局时要注意重心的平衡。

✕ 常见的错误

为了避免出现重叠，整体内容显得不够紧凑……

为了避免文字和图片出现重叠，只能将所有的内容都缩小尺寸，但这样就会使画面显得空空荡荡。

通过将图片重叠在一起
给文字留出充足的空间

STEP 1 将图片重叠在一起

通过将图片重叠在一起，就可以给文字留出充足的空间。此外，给最下方的文字添加背景进行分区，不但能够使文字内容更加显眼，还可以使整体的重心向下偏移，增加稳重感。

STEP 2 调整颜色的面积和重心平衡

将左侧的花束移动到画面的左上角，与右侧的花束对称，可以使重心向上方移动。通过缩小下方文字背景的面积来调整重心，在关键信息的周围留出空白，使整体效果更加完美。

PART 1

04

基 本

删除多余的部分，突出主要信息

裁剪

为了突出想要传达的信息，将多余的部分隐藏起来非常重要。通过做减法可以使主要内容更加突出。仔细观察图片和图形后进行裁剪吧。

将图片和图形中多余的部分裁剪掉

没有裁剪

- 难以通过图片把握内容
- 倾斜的窗框给人一种不稳定的感觉
- 文字布局杂乱

适当进行裁剪之后

- 正在操作电脑的女性主体更加突出
- 文字和图形都一目了然
- 服务名称更加显眼

POINT 1 将图片调整为水平，删掉多余的背景

原图片的角度是倾斜的，给人一种不协调的感觉，所以将图片调整为水平。如果图片的背景中有多余的内容，将这些多余的部分删掉，可以使想要传达的信息更加突出。在调整画面时请将主要内容放在焦点上。

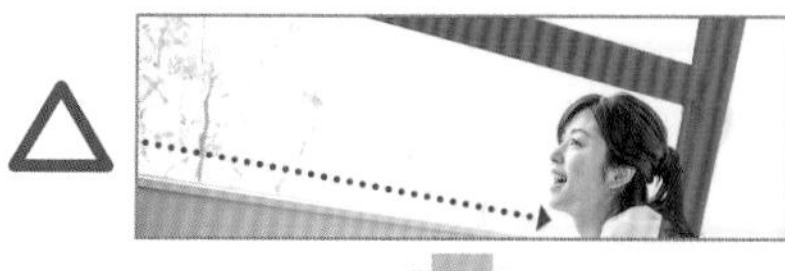

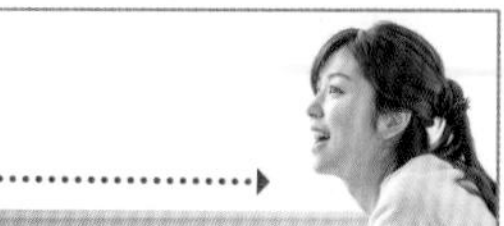

与日常不同的视角会使人在无意识中产生不协调感。上方的图片因为窗框是倾斜的，所以看起来很不舒服。

POINT 2 将图形删掉一部分

添加文字时用四边形和圆形可以使文字信息更加显眼，这是网页广告设计的法宝之一。但因为主角是图形之中的“文字信息”，所以在图形喧宾夺主的时候需要将图形删掉一部分，让文字信息更加突出。

推荐使用长方形

长方形能够将文字很好地收纳在其中，可以应对各种长度的文字信息。圆形和三角形因为会在文字周围形成多余的空白，容易破坏平衡感。

圆形是很显眼的形状，所以容易出现喧宾夺主的情况。可以通过将周围删掉一部分的方法来突出其中的文字信息。

POINT 3 让文字的边缘伸出画面当作图形使用

将文字塞满整个广告的页面，就可以将文字当作图形使用。在这个时候，让文字的边缘伸出画面，就可以使文字与背景一体化，让作为主要内容的图片更加显眼。

将宣传语之类的简短文字和背景融为一体，就能突出商品图片。

PART 1

05

基 本

避免广告画面单调的秘诀

节奏

同样的形状排列在一起会显得单调，使看的人难以集中注意力。适当地调整形状和布局，给画面营造出节奏感，能够吸引用户的眼球。

添加要素的变化，给画面赋予节奏

排列过于死板，难以传达信息

- 虽然整体氛围不错，但难以吸引用户的视线
- 不仔细阅读的话就无法将文字内容记下来

用有节奏的布局传达内容

- 视线的移动非常顺畅
- 就算不用仔细阅读也能记住内容
- 大会名称、时间、价格等关键信息都一目了然

POINT

1 将横排的文字错开排列

一般来说，客户提供的文案都是横向排列的，因此在制作广告时也很容易直接将文字横向排列。但像右下的示例那样将文字重新排列并稍微错开一些距离，就可以使单调的设计变得更加生动。

横向排列无法对齐的时候

将文字横向排列的时候，尽量将文字排列成三角形，这样看起来会更加漂亮。

制動性能 18%UP ※当社比
旋回性能 8%UP ※当社比

制動性能 18%UP ※当社比
旋回性能 8%UP ※当社比

将文字内容纵向排列并用圆形圈起来，将左右两部分在水平位置稍微错开一些，就能使画面更有节奏感。

POINT

2 在背景上添加色条，增加变化感

文字连续排列的时候，在一部分文字的后面添加色条也能实现节奏的变化。因为横幅广告的尺寸很小，很难有充足的留白空间，就显得文字拥挤，所以添加色条作为背景能够很好地增加节奏变化。

父の日ギフト
今すぐチェック

父の日ギフト
今すぐチェック

只是增添了一个色条，就实现了文字区分。

POINT

3 通过添加图片来增加动感

文字是最重要的信息，但只有文字就会显得画面很单调。通过搭配一些与文字内容相符的图片，可以使设计更加生动，也更容易在视觉上传递信息。

事務スタッフ募集中
応募はこちら

事務スタッフ募集中
応募はこちら

添加了人物和纸飞机图片后，更加吸引用户的眼球。

PART 1

06

基　本

利用颜色改变氛围的技巧

配色

颜色能够直观地传达出温暖、寒冷、情绪和氛围等信息。合理地进行颜色搭配，就能够更加准确地传达信息。

遵守“配色的规则”

没有“冬季”的感觉

- 冬季的广告却没有传达出季节感
- 虽然很显眼，但不协调
- 背景与图片的颜色太多，画面杂乱

选择与主题相符的配色

- 整合图片与背景颜色，实现统一感
- 以“蓝色”为底色传达出冬季的寒冷感觉
- 背景选择稳重的颜色使图片更加突出

POINT

1 了解明度、饱和度、色相

颜色拥有表示明亮度的“明度”、表示鲜艳度的“饱和度”以及表示颜色差异的“色相”这3个属性。想要使颜色更加明亮就调高“明度”，想要浅色时就调低“饱和度”，想改变颜色时就调整“色相”。通过对这3个属性进行调整就能改变配色。

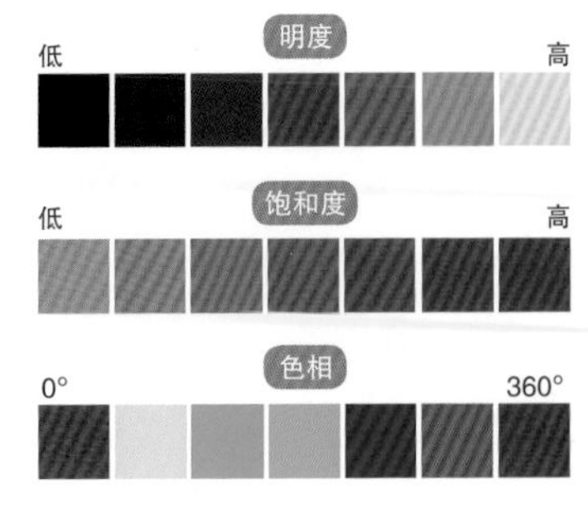

明度越高颜色越白，明度越低颜色越黑。
饱和度越高颜色越深，饱和度越低颜色越浅。
色相通过0°～360°的角度来指定颜色。

POINT

2 配色用3种颜色，比例为7：2：1

横幅广告的配色控制在3种颜色以内。按照基础色70%、主色20%、重点色10%的比例进行分配，就能够使画面呈现出漂亮的平衡感。如果不知道应该选择什么颜色，可以从素材图片包含的颜色中进行选择，这样能够保持整体风格的统一。本节中选用的示例就选用了素材图片的颜色。

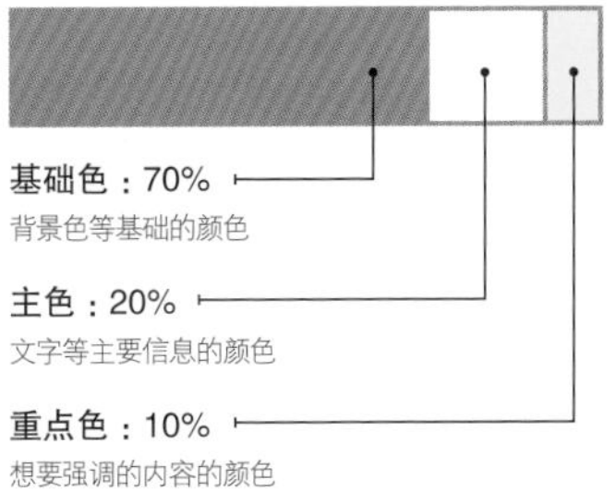

如果使用4种以上的颜色，可以根据基本的比例对各个部分进行分割，比如将主色的20%平均分为两份。

POINT

3 保持色调统一

在明度、饱和度、色相这3个属性之中，明度和饱和度的设定被称为“色调”。只要颜色的明暗（明度）和鲜艳度（饱和度）保持统一，即便改变色相的位置，也能实现“色调统一的配色”。只要色调统一，整体配色就会很合适。

上下两个示例的色相相同，但上面的色调不统一，下面的色调统一，给人留下的印象就截然不同。

PART 1

07

基 本

让视线自然移动的技巧

视线引导

如果视线移动的轨迹混乱，理解信息就需要花费更多的时间。为了避免出现这种情况，要设计出让视线自然移动的引导。

设计出让视线自然移动的引导

视线杂乱

- 视线都被位于中央的咖啡杯吸引
- 文字的布局杂乱无章，难以阅读

视线自然地流动

- 大字号的横向文字吸引视线
- 从上到下自然地阅读文字内容

POINT

1 设计目光最初停留的点

在进行视线引导时，首先要设计一个“目光最初停留的点”。然后从最初的点依次缩小尺寸，就能让目光按照从大到小的顺序自然地流动。

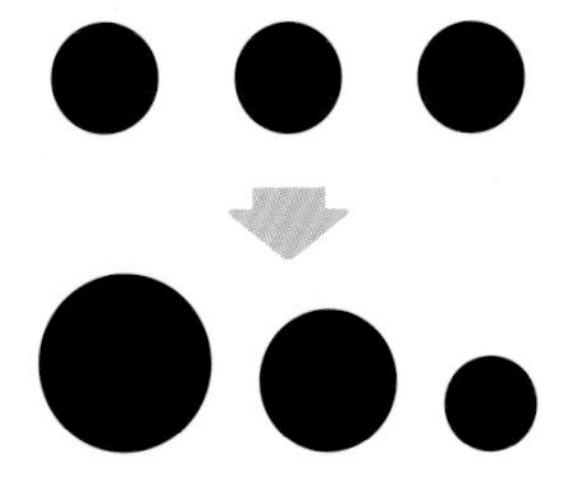

上图3个圆形的尺寸相同，视线就会四处游走。下图3个圆形从大到小依次排列，视线就会按照从大到小的顺序自然移动。

POINT

2 横向排列要遵循“Z定律”

人的视线会习惯性地从上到下移动。当内容横向排列的时候，视线的移动顺序为左上、右上、左下、右下，这被称为“Z定律”。将信息按照这个定律排列，就能使内容一目了然。

按照①人物的脸、②广告语、③商品名称、④点击按钮的顺序引导视线。

POINT

3 纵向排列要遵循“N定律”

纵向排列的情况下，视线的移动顺序为右上、右下、左上、左下，这被称为“N定律”。在纵向排列广告语时，将目光最初停留的点设计在右上角，就能使视线自然地移动。

按照①~②大会名称、③时间、④价格的顺序来引导视线。最好首先突出最重要的信息。

专栏

开始制作前务必确认

根据目的和发布场所设计合适的广告

网页广告的种类大致可以分为“广告”“索引缩略图”“导航”这3种。因为每一种的作用不同，所以在设计时也需要注意。

网页广告的3个种类

广告

主要刊登在各个媒体上

广告类主要刊登在网页的特定位置，因为在绝大多数情况下网页广告都是不受用户控制突然出现的画面，所以必须让内容能够一目了然。

索引缩略图

用作文章与视频的标题

常见于视频网站的内容一览页面以及博客网站的文章一览页面。关键在于将文章和视频的精彩内容视觉化地呈现出来。

导航

引导用户前往想要展示的页面

比较常见的有网站主视觉信息的幻灯片，以及位于网页内容末尾的按钮，主要起到引导用户前往指定页面的作用。

总之，要在
一瞬间给人留下
深刻的印象

制作广告的技巧

POINT 1 利用人物肖像和数字来激发用户的兴趣

网页广告经常会在毫无征兆的情况下突然映入用户的眼帘。为了尽可能给用户留下印象，可以在广告画面中添加人物肖像来吸引注意力，重点信息和表示优惠或价格的数字用大字体显示也能吸引用户的注意力。

×

その場で当たる
最大5,000円

○

その場で当たる
最大5,000円

POINT 2 合理布局，让内容一目了然

因为是突然出现的广告，所以没有让用户仔细阅读理解内容的时间。必须能够在一瞬间就将信息传达出去。所以宣传语要用大字体，清晰醒目，其他文字信息则缩小一些，用张弛有度的布局突出关键信息。

×

賞金総額1,000万円
抽選で3,000名様
開催期間 9.1~10.31

○

抽選で3,000名様
1,000 賞金総額 万円
開催期間 9.1~10.31

POINT 3 用文字引导用户点击

网页广告的终极目的就是让用户点击。在将信息传达给用户之后，再加上引导性文字，就能吸引用户点击。

×

50%OFF 今だけ全品

○

50%OFF 今だけ全品
詳しくはこちら

制作索引缩略图的技巧

POINT 1 利用文字与图片将重点信息传达出去

索引缩略图一般都和文章标题的文本链接搭配显示。因为标题会写明文章和视频的内容概要，所以索引缩略图要配合概要将重点信息直观地传达出去。

POINT 2 配置和字体要统一

在同一页面显示多个索引略缩图的时候，每个标题的字体、位置、长度等都要保持统一，否则会使用户以为是不同系列的作品。采用相同的字体和配置，就能够保持索引略缩图的整体印象统一。

POINT 3 文字不能太小

同一页面的缩略图尺寸往往很小，所以图片内的文字如果太小的话，就会使用户难以阅读。在设计的时候要考虑到这一点，避免文字的尺寸过小。

制作导航的技巧

POINT 1 幻灯片适用于传达折扣商品信息

常见于网站首页的幻灯片广告，最适合用来传达折扣信息。尤其是限时折扣的情况下效果更佳。在设计上以折扣的数字和截止日期作为主要信息，文字用大尺寸显示。

POINT 2 引导时要传递安心和信赖感

引导用户进入申请页面的导航广告，关键在于向用户传递安心和信赖感。在画面上添加员工的照片是很有效的方法。让用户知道在网页的背后有人工服务，可以使用户感到更加安心。

POINT 3 将咨询页面与文章内容结合到一起

在文章的最后经常会有导航到咨询页面的导航广告，如果能够在其中对文章内容进行适当的补充，就可以顺利地引导用户点击。

PART 2 布局

小巧但一目了然！布局的技巧

小尺寸
也能如此
一目了然！

网页广告的尺寸很小

如何将图片和文字合理地安排在有限的空间里呢?

本章将为大家介绍布局的技巧。

PART 2

01

布 局

通过分区来迅速地传达信息

倾斜分区

不擅长布局的人，不妨试试用斜线将信息分为两部分。根据信息的内容进行分区可以使信息更易于传达给用户，而且斜线还能营造出轻盈的节奏感。

Before

文字的排列杂乱无章，难以阅读

没有最初目光停留的点

文字选用同样的颜色，难以区分

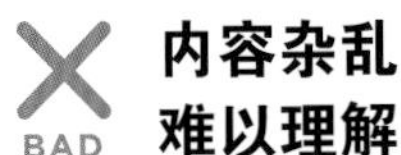

BAD

内容杂乱难以理解

因为文字的颜色全是淡粉色，而且没有最初目光停留的点，使得用户难以理解文字内容。文字的排列顺序也杂乱无章，不知道应该从什么地方开始阅读。

不知道应该从什么地方开始阅读……

广告的要求

目标群体
寻找母亲节礼物的20~40岁女性
需求
百货商店的母亲节活动。要有可爱的氛围，但不能太孩子气

素材数据与文本
- FLOWER MARKET
- THANKS MOM Mother's Day
- 5.9 sun
- 传达感谢之情
- 花束的图片

PART 2 布局

After

“Mother's Day”的文字吸引眼球

上下两部分的内容分别是标题和详细信息，让人一目了然

斜线将整个画面自然地分为两个区域

使用两种不同的文字颜色，使各自的文字内容更易于辨识

GOOD 明确划分区域，易于阅读

将画面分成不同的区域对信息进行整理可以使关键词一目了然。分区的关键在于斜线划分，这样可以使上下部分自然连接，不会破坏节奏，顺利地引导视线移动。

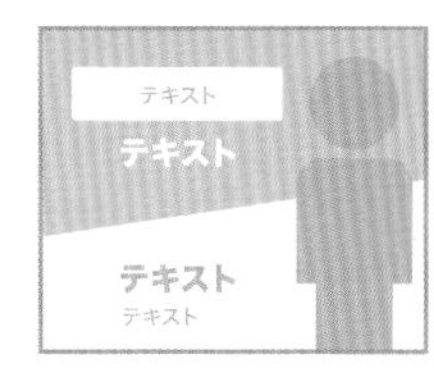

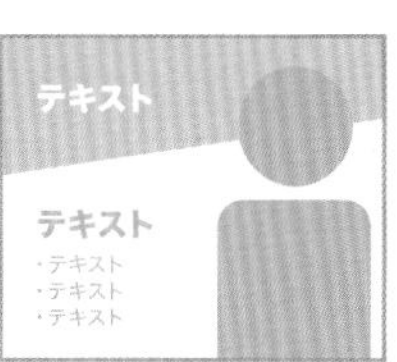

注意分区 根据内容的体量来决定分区的范围，可以使整体更有平衡感。

PART 2

02

布 局

适用于逐条罗列与竖长图像搭配的布局

左右分区

在将商品特性逐条罗列出来以及使用竖长图像的时候，左右分区的布局非常合适。这样的布局不会产生多余的留白，更易于整理信息。

Before

商品图片太小不显眼

横向并排罗列难以阅读

文字上下有橘红色的留白，显得空空荡荡

✕ 文字难以阅读，商品也不显眼

BAD

将逐条罗列的文字横向排列，无法使视线自然地移动。商品的图片太小不显眼，无法将商品的魅力传递出去。此外，画面整体多余的留白太多，给人一种空荡荡的感觉。

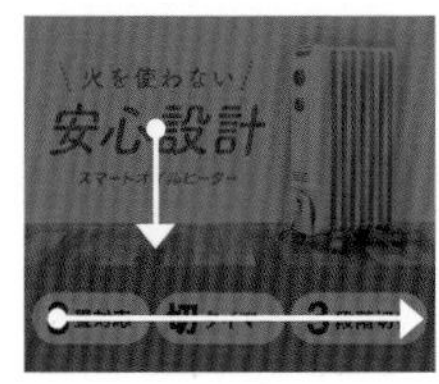

视线的移动有些奇怪……

广告的要求

目标群体
考虑购买取暖工具的宝妈
需求
油汀电暖器的广告。传达温暖感与安心感

素材数据与文本
- 无明火加热，安心设计
- 对应8叠大（约$13m^2$）的空间/定时关闭功能/3挡位切换
- 智能油汀电暖器（商品名称）
- 油汀电暖器的图片

After

从广告语到商品特性可以顺利阅读

商品用大图表示，将质感传达给用户

文字与图片分区表示，更易于用户理解

GOOD 文字与图片的信息一目了然

采用左右分区的布局，将逐条罗列的内容纵向排列，阅读起来更加顺畅。商品图片也放大了，尺寸变得更加显眼，视线可以从上到下顺利地移动，自然地理解广告内容。

不要用太长的文字　逐条罗列的文字内容如果太长，阅读起来就非常困难，所以要尽量精简。

PART 2

03

布 局

消除土味印象的技巧

不对称

左右对称的布局虽然有稳定感，但也会给人留下有些土味的印象。选择不对称的布局就能使画面变得更加轻盈和时尚。

Before

左上角有多余的留白

左右对称的花束略显单调

文字有种被图片压迫的感觉

✕ BAD 左右对称的布局显得很普通，不够吸引人

对称的花束虽然有稳定感但显得画面很单调。左上的留白使信息量较多的下方变得沉重，重心过于下移。虽然画面整体的感觉很华丽，但婚礼广告还是应该更加轻盈明快一些。

怎样才能摆脱土气呢?

广告的要求

目标群体
寻找婚礼场地的20~40岁女性

需求
婚庆宣传。用粉色系传达轻盈、明快、华丽的印象

素材数据与文本
- WEDDING HOUSE
- Bridal Fair
- 3/21 11:00—19:00
- 免费入场・免费试吃
- 花束的图片/新娘的图片

After

举办日期一目了然

花束采用了不对称的布局，使画面整体更加轻盈明快

不对称的布局能够给人留下轻盈明快的印象

GOOD

花束采取左右不对称的布局和尺寸，一下子就使画面变得更加轻盈明快了。留白也更有平衡感。活动日期用大字体一目了然。兼顾了华丽的印象与信息整理，可以说是非常完美的设计。

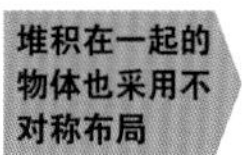

堆积在一起的物体也采用不对称布局

收集点券的活动等采用堆积硬币的素材时，如果采用完全对称的布局会显得很不自然，因此应该采用不对称的布局。

PART 2

04

布 局

餐饮店广告常用的技巧

活用盘子

餐饮店提供的菜单上的图片，基本都是带盘子的。灵活利用盘子可以使布局更加合理。

Before

文字的布局不合理，难以阅读

多余的留白会吸引视线

虽然图片的尺寸很大却没有冲击力

BAD

盘子的裁剪不到位

盘子只稍微裁剪掉了一点，文字虽然很显眼，但缺乏感染力。商品图片的周围有好几处多余的留白，妨碍视线引导。

希望布局更加平衡

广告的要求

目标群体
喜欢吃肉的年轻男性
需求
宣传热销的汉堡。用黑色的背景提高感染力，营造出男性力量的感觉

素材数据与文本
- 国产牛100%
- 本店销量No.1
- 元祖肉汁牛肉饼
  赠送自制咸菜
- SEA BURGER’S（店名）
- 汉堡图片

After

文字更加显眼，吸引目光停留

将汉堡图片放置在页面中央偏右的位置，突出汉堡的立体感和肉的感染力

将盘子的多余部分删掉，让目光集中在商品上，保持完美的平衡

将商品的细节部分展现出来

○ GOOD 具有感染力的广告

通过将商品的细节部分展现出来，可以使商品更有冲击力，让用户能够更好地把握商品信息。文字分别配置在盘子的前后，会使画面更有立体感。

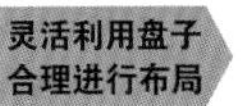

盘子不管是正面还是侧面都很易于布局，而且通过更换背景颜色和将图形叠加在盘子上等方式还能够营造出立体感。在配置盘子的时候注意不要溢出画面太多。

PART 2

05

布 局

图片不显眼的时候

通过重叠来突出立体感

如果商品图缺乏立体感就会不显眼，在这种时候可以通过剪切和重叠来营造立体感。背景选择能够突出商品的配色，可以增添立体感。

Before

边框使画面变得更加狭小，给人一种拥挤的感觉

商品的图片看起来不显眼

BAD 图片显得拥挤，商品也不显眼

白色、粉色、黑色的简洁配色与Gothic的字体虽然使整体氛围看起来很整齐，但因为边框太宽导致画面变小，给人一种拥挤的感觉。此外，因为商品是白色的，与背景融为一体，导致商品很不显眼。

因为边框，所以显得拥挤吗?

广告的要求

目标群体
喜欢时尚的20~40岁人群
需求
宣传新品运动鞋的预售信息。突出商品信息，给人留下轻松明快的印象

素材数据与文本
- 60th ANNIVERSARY
- 日本限定款式 6.9开始预定
- SPORT STYLE（品牌名）
- 运动鞋的图片

After

商品图片的细节部分更加明显

通过将背景与运动鞋重叠来营造立体感

在背景中加入粉色，使运动鞋和文字更加显眼

GOOD 将商品凸显出来，给人留下轻快的印象

通过将边框的一部分与背景融为一体，消除画面的拥挤感。将商品剪切出来，然后与背景重叠在一起，就可以使商品看起来好像凸出来一样，细节部分也会更加明显。

适合采用剪切的情况 只要是能够剪切出来的图片，都可以通过重叠的方式来表现立体感。

专栏

变化为不同的形状

将网页广告变为不同尺寸的技巧

网页广告有时候需要调整为不同的尺寸。接下来我就将为大家介绍变化尺寸的技巧。

如何改变广告的尺寸？

首先制作一个接近正方形的矩形，以此为基础变换不同的尺寸。

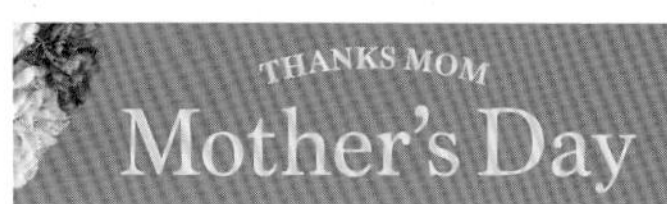

纵向、横向、缩小……
不同的变化需要用到
不同的技巧！

变换广告尺寸的技巧

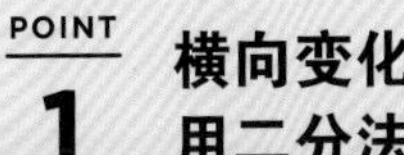

POINT 1 横向变化 用二分法

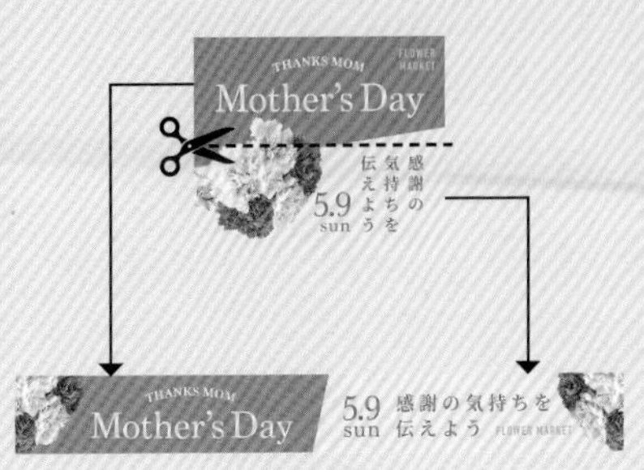

将接近正方形的矩形变化为横长的尺寸时，最简单的方法就是“左右二分法”。因为横长的尺寸上下的间隔较小，难以放入太多的信息，所以需要用二分法来分别配置文字和信息。在布局时分别在左右两侧的长方形中放入文字和图片即可。

POINT 2 纵向变化 用上中下三分法

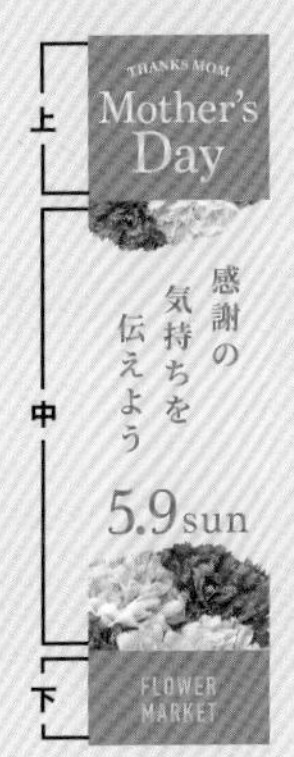

在变化为纵向的尺寸时，可以使用上中下三分法。上部和下部用来配置次要信息，中央的部分放置广告语和图片等主要信息，这样就能顺利地将用户的视线引导到主要信息上来。

POINT 3 缩小时只保留必要的文字

用于在智能手机屏幕上显示的小型广告，无法放入全部的文字和图片信息，因此必须考虑文本的优先顺序，只保留必要的文字信息，将其他要素全部删除。

各种广告的尺寸

横300px 纵250px

横336px 纵280px

PATTERN

1 矩形（接近长方形的尺寸）

能够在电脑和智能手机屏幕等各个地方显示的尺寸。点击率很高，是最常见的网页广告尺寸。在制作其他尺寸的广告时，也要先制作一个矩形的广告作为样本，然后再将其变化为其他尺寸。

PATTERN

2 条幅（横向）

横长的广告，常见于网页的顶部和网页内容的中间，是使用频率仅次于矩形的尺寸。

横468px 纵60px

横728px 纵90px

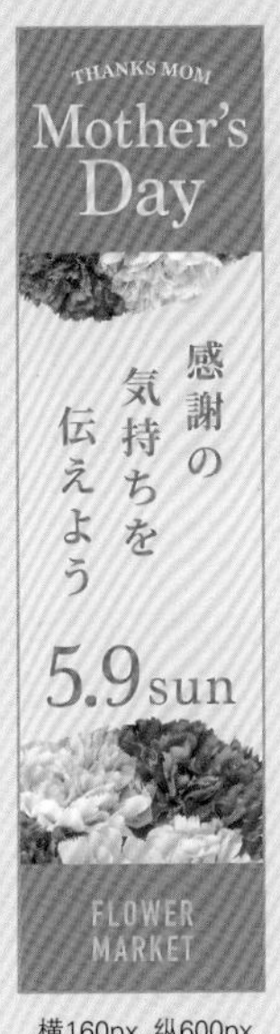

横160px 纵600px

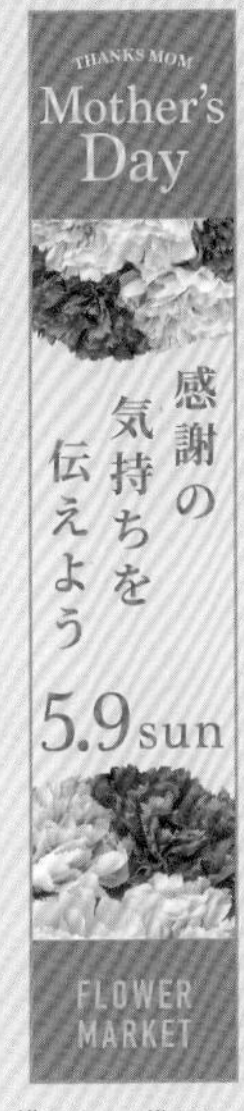

横120px 纵600px

PATTERN

3 摩天楼（纵向）

摩天楼广告是竖长形状的条幅广告。常见于电脑端，在画面左右两边网站导航的位置非常吸引眼球。

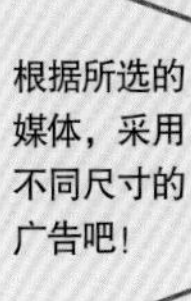

PATTERN

4 智能手机（横向）

这是在智能手机屏幕上显示的广告尺寸。常见于智能手机屏幕下方，以固定状态显示。因为经常会不小心点击到，稍微有些令人讨厌。

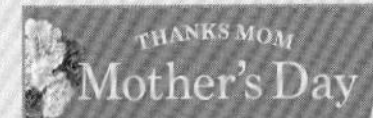

横320px 纵50px

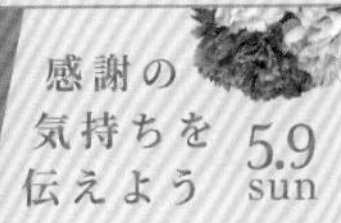

横320px 纵100px

PART 3 文字

一目了然传达文字信息的方法

文字
不要排得太满！

文字要易读、易懂、吸引眼球，

这三点非常重要。

因此满满一屏幕的文字布局绝对不行。

通过选择合适的文字布局与字体，

让文字信息一目了然吧！

PART 3

01

文 字

给单调的文字赋予节奏

竖排

横排的文字连续排列的时候很容易使人感觉单调和枯燥，难以耐心阅读。将文字从横排改成竖排，就能改变整体的节奏，创造出目光停留的点。

Before

有多余的留白

缺乏让目光停留的点

✕ BAD 文字排列过于单调，无法吸引视线

将全部文字都横向排列，因为文字的大小缺乏变化，所以很难吸引视线。此外，椅子的上方出现了多余的留白，整体感觉很不平衡。

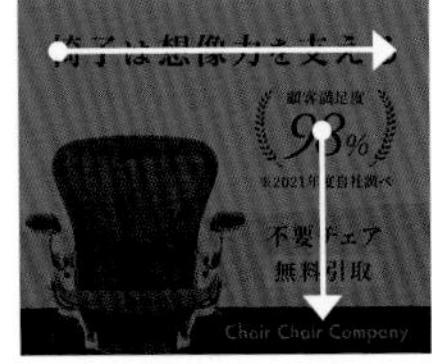

广告的要求

目标群体
考虑购买办公椅的人

需求
刊登在网络商店上。给人留下稳重、值得信赖的印象

素材数据与文本
- 椅子支撑想象力
- 顾客满意度98%
  ※2021年度公司数据
- 免费回收旧椅子
- Chair Chair Company（公司名称）
- 办公椅的图片

After

将宣传语换为竖排，营造出节奏的变化，更易于吸引视线。

留白的平衡感恰到好处

各个部分的文字实现了分区，更易于阅读

改变文字的排列和尺寸就能更加吸引眼球

GOOD

将文字的排列方式从横排变成竖排，就能使各个部分的文字更加吸引视线。此外，调整文字的大小来营造出节奏的变化，会使宣传语更显眼。

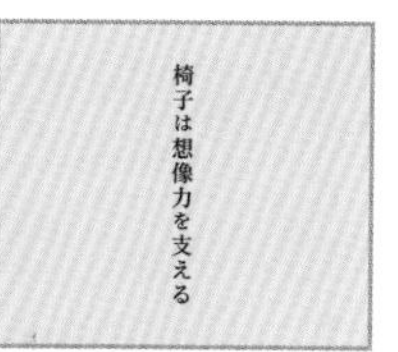

椅子は
想像力を
支える

通过换行来吸引视线 换行可以使文字的尺寸变得更大。

PART 3

02

文 字

一目了然的文字布局

像配置图片一样配置文字

将文字信息在一瞬间传达出去的秘诀，就是像配置图片一样配置文字。通过在文字搭配和符号上下功夫，就能做出一目了然的设计。

Before

文字的尺寸相同，导致不显眼

没有将商品的卖点突出

整体效果不够紧凑

文字缺乏节奏变化，不显眼

右上和左下的文字尺寸相同，所以视线容易被这两边分散，导致商品的卖点难以突出。通过改变文字的尺寸大小来创造出张弛有度的文字组合。

想重点传达的是哪部分信息?

广告的要求	目标群体 20~50岁居家办公的商务人士 需求 刊登在公司官网上的打印机促销广告。要给人留下信赖感和快捷印刷的印象	素材数据与文本 ● 用智能手机快速印刷 ● 操作简单！在家就能打印 ● PR 603i（产品代码） ● 打印机的图片与拿着手机的女性图片

After

内容一目了然

"快速印刷"4个大字非常具有冲击力

将重点内容放大显示

将文字变成图片！

GOOD

右上角的文字通过换行和增大尺寸起到了强调的作用，并且显得错落有致。左下角添加了背景色和重点号这两个要素，使这部分更加吸引视线。

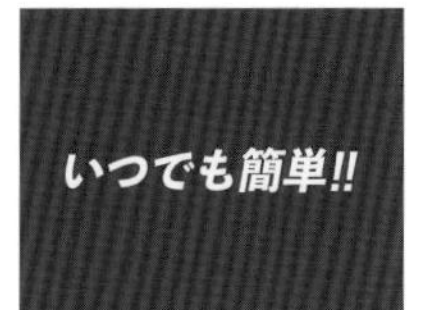

利用重点号和背景色来彰显不同

利用不同的背景色和重点号使文字部分更加吸引视线。

PART 3

03

文 字

吸引眼球的设计方法

放大数字

折扣和优惠券的金额等“数字”是广告中最为关键的信息。必须将这些信息清楚地显示出来，并且要具有冲击力。

Before

电话费的金额不显眼

活动的卖点没传达出来

虽然改变了文字的颜色，但优惠券的金额不显眼

数字太小缺乏感染力

BAD

虽然想要传达电话费低廉的信息，但因为文字全部使用了同样的尺寸，导致信息不显眼。优惠券的金额数字尺寸也太小，没有将活动的卖点一目了然地传达出去。

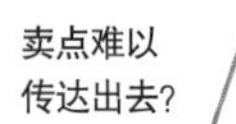

广告的要求

目标群体

考虑更换电话的20~40岁用户

需求

突出价格的低廉，使用蜜蜂的形象，黄色与黑色的流行配色

素材数据与文本

- 每个月的电话费880日元（含税）
- 现在更换能享受5000日元优惠券
- 截至2月28日
- BEE SIM
- 蜜蜂的图片

After

将电话费和优惠券的金额放大，吸引视线

服务和活动的内容一目了然

GOOD 放大数字使画面张弛有度

放大电话费与优惠券的数字，就可以使服务和活动的内容一目了然。将截止日期部分的文字和数字也改变尺寸，可以使用户一目了然地把握关键信息。

放大金额、日期、折扣 限时举办的活动应该将日期放大显示。

突出气势和效率

斜体

在想要强调商品与服务的气势和效率时，可以选用斜体字。这是一种能够突出速度感和冲击力的设计风格。任何行业都可以使用，是很泛用的设计技巧。

Before

虽然有信赖感，但缺乏立即解决的速度感

虽然有尺寸大小变化，但缺乏冲击力

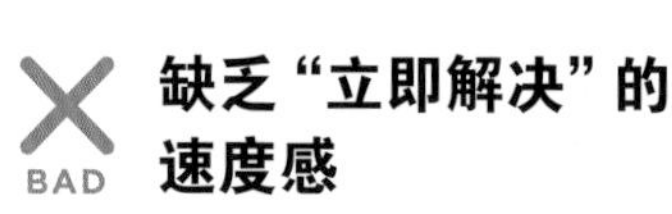

缺乏“立即解决”的速度感

BAD

文字的尺寸大小和布局都很好，整体平衡感也不错，但唯一的缺点是没有将“立即解决问题”的速度感传达出来。

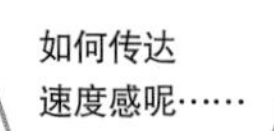

广告的要求

目标群体
水管出现问题的人
需求
使用能够联想到水的蓝色色调。突出能够立即解决问题的速度感

素材数据与文本
- 水管问题立即解决！防泄队
- 全年无休 ● 24小时服务
- 修理业绩36万次
- 安心的高品质
- 员工图片

After

突出气势和速度感

服务的印象与设计风格统一

传达气势与冲击力

GOOD

将文字变为斜体之后就能使设计更有气势和冲击力。将全部字体都变为斜体字，可以保持整体的统一。

想要更有气势的时候

将整个文字信息再向右上方倾斜，可以使画面更有气势。文字本身保持垂直就能维持平衡感。

PART 3

05

文 字

给文字赋予灵动感

曲线

文字较多的情况下，用横向排列会给人留下单调、枯燥的印象，导致用户不愿意阅读。如果用曲线来排列文字，就能够赋予文字灵动感，更容易吸引人的视线。

Before

视线都被图片吸引，宣传语则被忽略了

缺乏柔和的感觉

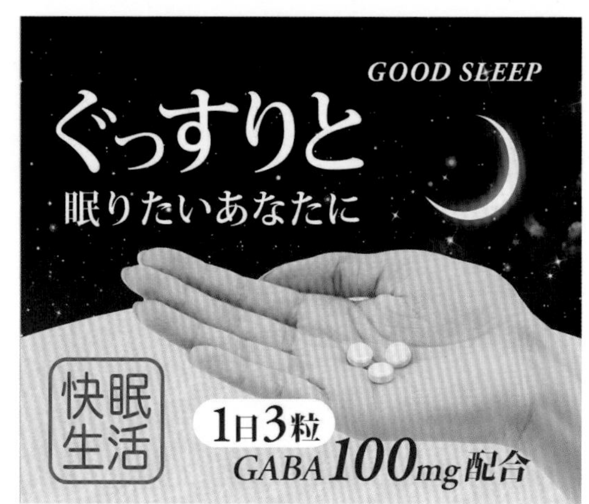

广告语不够醒目！

BAD

虽然广告语采用了星空背景下的白色字体，但因为与月亮的图片和企业名称很相似，所以不够显眼。此外，客户提出的安心感与柔和感都没有传达出来。

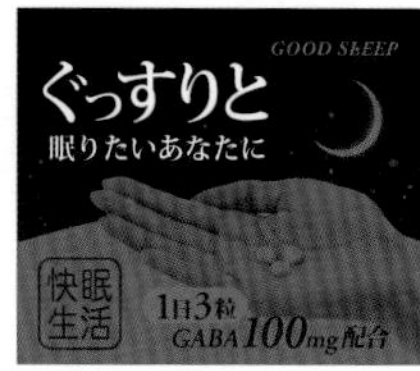

有些死板、僵硬的感觉，和睡眠的主题相差甚远……

广告的要求

目标群体

睡眠不足的女性

需求

被美丽的星空包围，能够给人柔和与安心的睡眠印象

素材数据与文本

- 送给想要舒适睡眠的你
- 快眠生活（公司名LOGO）
- 1日3粒含有GABA100mg
- GOOD SLEEP
- 拿着药片的手的图片

After

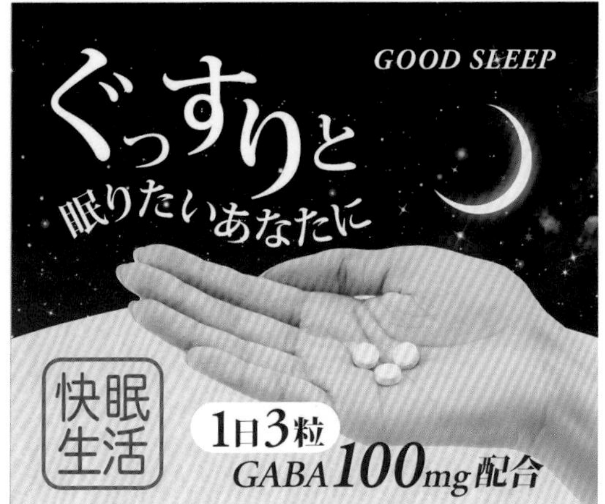

广告语充满灵动感，更吸引视线

传达出柔和的感觉

曲线的灵动感能够吸引眼球

GOOD

将宣传语从横排变为曲线，更容易吸引眼球。内容和形状相匹配，给人留下安心睡眠的感觉。

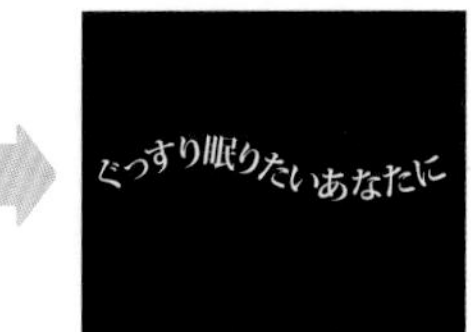

波峰和波谷各一个

曲线排列的时候，波峰和波谷各保留一个，这样整体更有平衡感也更易于阅读。

PART 3

06

文 字

如何通过颜色来提高设计性？

用颜色分解文字

想要五颜六色的流行感觉时，可以尝试使用多种颜色。这个时候，在文字的不同位置选择不同的颜色，就能提高设计的品位。

Before

没有将新生活的快乐感觉传达出去

虽然用了很多颜色却给人一种单调的印象

用了3种颜色却没有将快乐的感觉传递出去

配色本身很时尚也很明快，没有问题。虽然不同的文字选用了不同的颜色，却给人一种单调感，无法吸引用户的视线。

明明用了很多颜色，却给人一种很土的感觉……

广告的要求

目标群体
找房子的18~22岁年轻人
需求
租房子的促销活动广告。使用能够传达新生活感觉的时尚色彩

素材数据与文本
- 新生活应援CAMPAIGN
- “海丸不动产”限时初期免费

After

传达出美好新生活的信息

虽然没有改变布局，但设计感提高了很多

○ GOOD 色彩斑斓的感觉一目了然

将文字的每个部位都变换不同的颜色，就可以使宣传语更加吸引视线。此外，还可以使美好新生活的感觉更加突出，提高设计感和品位。

新生活応援

新生活応援

制作彩色文字的技巧

不要随机变换颜色，而是有规则地进行分配，保持每个文字颜色比例的统一，这样最终的效果会更加平衡。

PART 3

07

文 字

在复杂的背景中也能看清文字

轮廓字

如果背景是非常华丽的表现形式或巨大的商品图案，配置在上面的文字就会难以阅读。在这种时候使用轮廓字就能使信息一目了然。

Before

文字被背景盖过，难以阅读

背景很立体，文字却缺乏立体感

✕ BAD 在华丽背景上的文字难以阅读

背景的图片过于华丽，上面的文字就难以阅读。此外，硬币和烟花的图片非常有立体感，文字却显得扁平，有种不协调感。

文字被背景盖过了

广告的要求

目标群体
城市中20~50岁的人群
需求
信用卡结算服务的广告。用红色传达华丽的信息，吸引用户的眼球

素材数据与文本
- CASHPAY
- 大感谢祭 最多返还50%
- 举办时间 6月1日—30日

After

文字凸显出来，易于阅读

有纵深感和感染力

GOOD 文字的辨识度提高了！

通过使用粗体的轮廓字，可以使文字在华丽的背景中也能有很高的辨识度。在轮廓的部分添加阴影还能营造出立体感，提高整体的设计平衡感。

易于辨识的轮廓字的制作方法

轮廓部分的颜色如果选择与文字接近的颜色，反而会使文字难以阅读。所以选择比背景色稍微深一些的颜色最好。

PART 3

08

文 字

添加文本中没有的文字来突出重点

添加英文

有时候只用客户提供的文本可能无法充分地传达信息。在这种情况下，可以添加简短的英文来突出重点，吸引视线。

Before

文字的大小相同，不易吸引视线

为了突出凉爽感而使用了白色文字，但因为文字太多导致视线混乱

没有让目光停留的点

高对比度的文字很易于辨识，整体氛围也不错，但客户提供的文本内容缺乏吸引视线的重点。而且文字都是白色，如果不集中精神阅读的话就难以留下印象。

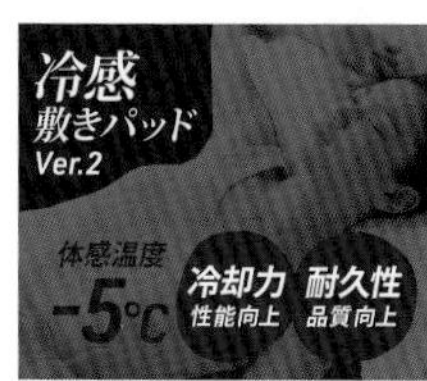

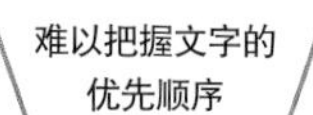

广告的要求

目标群体

感觉夏季炎热的20~60岁人群

需求

夏季凉垫新品的广告。给人留下凉爽的印象

素材数据与文本

- 凉垫Ver.2
- 体感温度−5℃
- 冷却力性能提升
- 耐用性品质提升
- 躺在凉垫上的女性图片

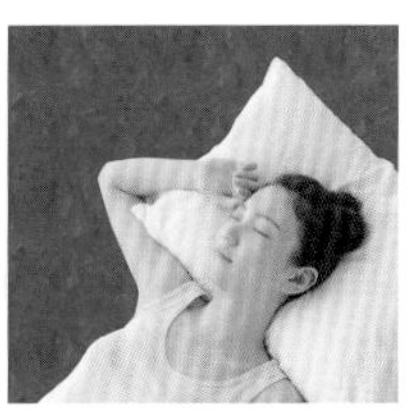

After

用黄色作为重点色来吸引视线，因为只有一点儿所以不会破坏整体的氛围

将视线引导到想要传达的信息上

GOOD 用英语单词与重点色来提高辨识度！

在标题部分添加“NEW”的对话框吸引目光，通过“POINT 1”“POINT 2”使卖点更加显眼。黄色作为重点色辨识度很高，能够将视线自然而然地引导到想要传达的信息上。简短的英语单词是吸引眼球的重要工具。

推荐使用的英语单词

- NEW→新商品和新服务等
- SALE→减价和折扣等
- POINT→介绍特征和功能等
- CHECK→想要推荐的内容等
- UP/DOWN→增加 / 减少等

PART 3

09

文 字

增添高级感

毛笔字

旅馆和料理店等想要传达和风印象时，与Gothic相比，明体字更加合适。如果想要传达更加高端的和风印象，推荐使用毛笔字的字体。

Before

“おせち”这三个字的布局缺乏美感

欠缺简洁的印象

布局缺乏稳定性 而且不够美观

BAD

配色和对比保持良好的平衡，商品图片也很漂亮。但“**おせち**”字样看起来有些拥挤，布局也缺乏稳定性。使用明体字不够美观。

看起来感觉土里土气的……

广告的要求

目标群体
想吃日式料理的30~60岁人群

需求
料亭御节庵的广告宣传。希望给人留下简洁高雅的和风印象

素材数据与文本
- 特选**おせち**
- 冷冻 三人份
- 24800日元（含税）
- 料亭御节庵（店名）
- 点此预约
- **おせち**的图片

After

字样成为重点，吸引视线

给人以高级、干练的印象

用简洁的毛笔字突出和风印象

GOOD

向右上方倾斜的毛笔字充满了节奏感，突出料亭高级的氛围。文字每一个特征都体现出明显的和风印象。

推荐的字体

字体不能过于潦草，有辨识度的字体更容易吸引视线

鬪龍

特選おせち

黒龍

特選おせち

PART 3

10

文 字

亲近感与共鸣

手写体

广告中常用粗体的Gothic字体来吸引目光，但有时候会给人留下过于正式和沉重的印象。如果想传达轻松、亲近的氛围，可以尝试使用手写体。

Before

粗体字挤在一起，给人以沉重的印象

好像强迫别人学习一样，让人有压力感

✕ 文字太粗并挤在一起会使人产生压迫感

BAD

宣传文字虽然很显眼，但信息内容有压迫感。要传达爽快感和亲切感。

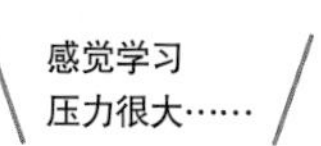

广告的要求

目标群体

准备迎接大学考试的学生与家长

需求

夏季补习班的招生广告。能够与学生产生共鸣的爽快的、亲切的印象

素材数据与文本

- 这个夏天，更大的突破
- 日本学习的夏季学习会
- 7.20（周五）–START
- 女高中生高高跃起的图片

After

好像听到心声的感觉

学生喜欢的爽快感

GOOD 大尺寸的信息传达亲切感

广告语采用手写体，字间距和行间距都很大，整体有充足的留白，就算文字的尺寸很大也没有压迫感，能够给人留下爽快、亲切的印象。

推荐的字体　可以使用免费的字体

あんずもじ

この夏、もっとずっと高く。

うずらフォント

この夏、もっとずっと高く。

PART 3

11

文字

用微小的偏差营造明快的氛围

错版字

粗体的Gothic字体虽然辨识度很高也很容易吸引眼球，但也很容易给人留下沉重的印象。用印刷稍微偏差一些的错版文字，就可以使字体给人的印象更加轻松。

Before

给人一种沉重、阴暗的印象

标题过于显眼

✕ BAD 文字给人一种阴暗、沉重的印象

广告整体的配色和图片都传达出清爽明快的氛围，标题的粗体Gothic字体虽然很醒目，但与背景色和图片相比给人一种阴暗、沉重的印象，需要进行一些调整。

文字与其他素材相比过于沉重

广告的要求

目标群体
缺乏运动的20~50岁女性
需求
在线瑜伽教程广告。清爽明快的氛围

素材数据与文本
- online yoga
- 居家 de yoga
- 随时随地轻松体验真正的瑜伽
- ONLINE YOGA **ヨガラボ**（运营公司名称）
- 正在做瑜伽的女性图片

After

整体更有平衡感

标题变得更加清新明快

GOOD 消除沉重感、给人明快的印象！

“yoga”字样采用了黑框与黄色稍微错开一些的错版字，传达出明快的氛围。只要改变颜色和字体就能改变氛围，这是可以应用在许多场景的技巧。

制作黑框文字的技巧

打开Photoshop，在添加图层样式中选择描边，画出黑框文字。参数设置为1px，位置在内侧就可以。注意线不要太粗，否则会给人留下土里土气的印象。

PART 3

12

文 字

自创字体增加冲击力

自创字体

使用现有字体以外的自创字体，能够带来前所未有的全新冲击。横平竖直的汉字非常便于创造新字体，请大家多多尝试吧！

Before

司空见惯的字体，缺乏恐怖感

没能突出夜晚游乐场的恐怖氛围

BAD 恐怖的氛围缺乏冲击力

红与黑的配色虽然能够营造出恐怖的氛围，但缺乏冲击力，所以需要在文字的表现上再下点儿功夫。

司空见惯的字体缺乏恐怖感

广告的要求

目标群体
10~30岁的年轻人

需求
游乐场活动广告。想传达紧张刺激的恐怖感

素材数据与文本
- 城堡游乐园 夜晚游园地
- 大脱出 DIE DASH 2
- 门票热销中

After

像迷宫一样的线条很有冲击力

一眼就能看出是迷宫逃脱类游戏

GOOD 传达逃出迷宫的恐怖感

向四面八方伸出的线条很有特点，将逃出迷宫的活动主题展现得淋漓尽致。在创造字体的时候，可以尝试将长方形以水平、垂直、斜45° 等方式进行组合。

横平竖直的文字很适合自创字体　与曲线比较多的字母相比，汉字更易于创造字体。

PART 3

13

文 字

使背景与文字融为一体

植入文字

背景用大范围背景色的时候，在其他位置使用同样颜色的文字就会给人一种画面散乱的印象。在这种情况下，将文字“植入”到背景色上面，就可以使画面变得更加自然。

Before

1:1 的配色凌乱且死板

颜色切换的部分与商品重叠在一起

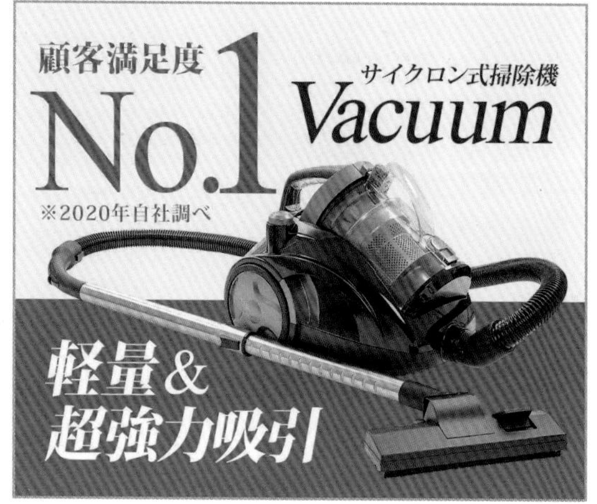

整体给人一种散乱的印象

橘色与灰色的配色稍显死板

橘色的背景色与灰色的配色约为1:1，看起来很死板。将比例调整为7:3会更好一些。此外，背景颜色切换的部分与商品图片重叠在一起，看起来有些混乱。

希望配色能够更灵动一些……

广告的要求

目标群体
打算购买吸尘器的40~70岁人群

需求
新型气旋式吸尘器的广告。用橙色系的商品色来突出商品

素材数据与文本
- 气旋式吸尘器 Vacuum
- 顾客满意度No.1
  ※2020年自身调查
- 超轻&超强吸力
- 吸尘器的商品图片

After

橙色更加显眼

商品也一目了然，不会受到影响

GOOD 背景色与商品都更加清晰

将背景色的橙色增加到全体的70%，就会使整体配色张弛有度。将“No.1”的字样与橙色的背景部分融为一体，背景色的切换与文字和商品图片都变得更加清晰、显眼。

将文字植入背景中

植入文字时不能只是将文字贴在背景色上方，而是要将文字稍微渗透进背景色中，这样显得更有平衡感。

专栏

提高设计效率的技巧！

有助于网页广告设计的5个网站

网页广告设计从询问顾客需求开始，还包括购买图片素材、剪切、布局、配色等许多工序。在进行这些工序时，可以通过以下5个网站来提高效率。

推荐的网站

① 丰富的网页广告设计参考

Pinterest

https://www.pinterest.jp

Pinterest提供免费的图片共享服务，上面有许多可供参考的图片，在与客户讨论广告设计的需求时可以更直观地展开讨论。

※图片为概念图

② 高品质的素材

Adobe Stock

https://stock.adobe.com/jp

可以购买各种图片素材的图片库。高品质素材能够无限次使用，非常适合用来制作网页广告。

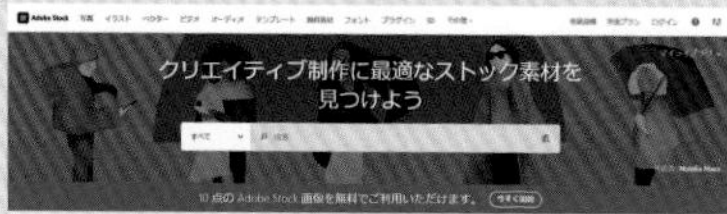

③ 廉价剪切图片的网站

剪切jp

https://kirinuki.jp

这是专门剪切图片的网站，能够以低廉的价格迅速地剪切素片，适合电商网站广告等需要大量剪切图片的情况。

④ 简单易用的配色工具

Adobe Color

https://color.adobe.com

不擅长配色的人推荐使用Adobe Color。可以进行5种颜色的搭配，操作起来非常简单，还可以搜索全世界用户制作的配色模板。在不知道应该如何配色时不妨尝试一下吧。

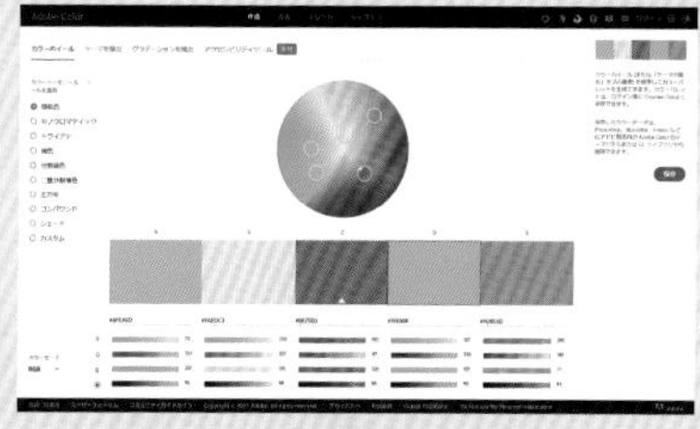

⑤ 通过视频学习设计方法

网页设计
1对1 教学频道

https://1on1.design

笔者运营的视频课程频道。从Photoshop的使用方法到网页广告设计的具体内容都能学到。

PART 4 分组

让信息一目了然的分组技巧

掌握了布局与文字的
技术之后，接下来是
分组的技巧……

不同种类的信息要如何传达呢?

如果广告页面中含有太多的信息，

就会让人难以抓住重点。

在这种时候，

不妨尝试一下将信息分组。

PART 4

01

分 组

切换背景使文字一目了然!

增添横幅

如果在同一个区域内连续配置文字，就会使人感觉难以阅读。在文字的后面搭配背景色块来切换区域，就能提高辨识度。

Before

背景与文字重叠在一起，难以阅读

文字的风格很相似，不容易吸引视线

整体印象单调

BAD

相似风格的文字排列在一起难以阅读

住宅内部装饰的背景上叠加文字，而且文字还和绿植混合在一起，阅读起来非常困难。此外，同一区域配置了同样颜色的文字，让人不知道应该从什么地方开始阅读。

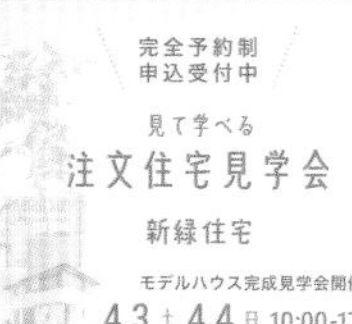

同样的颜色让人难以分辨优先顺序

广告的要求

目标群体
20~50岁的家庭
需求
装修样板间的参观广告。用翠绿色给人留下清新健康的印象。

素材数据与文本
- 预约申请中
- 参观学习 定制住宅参观会
- 新绿住宅（公司名）
- 样板间参观会
  4.3周六 4.4周日 10:00~17:00
- 住宅的图片

After

广告语很醒目

将信息分开后更便于阅读

〇 GOOD 标题一目了然

通过在标题后面添加白色块作为背景，使广告语一目了然。此外，下部添加绿色块作为背景，将上下两部分的信息区分开，也可以自然地从上到下引导视线。

横幅的留白缩小一些

如果下方色块的留白太多，会使上半部分的空间显得非常狭窄，因此将色块的留白缩小一些。

PART 4

02

分 组

将文字变成台词

对话框

文字信息太多的情况下，只要将文字信息框起来就能极大地提高辨识度。这时，因为“对话框”是可以自由配置的图形，所以最常用。

Before

文字全部为白色，没有让视线停留的点

除了“最大80% OFF”之外，其他文字难以阅读

✕ BAD 白色的文字太多，令人视线分散

因为很少有人会仔细阅读广告中的文字，所以广告的宣传语一定要非常醒目。但如果全部文字都使用相似的字体和尺寸，就会使人视线分散。除了“最大80% OFF”之外的其他信息难以传达出去。

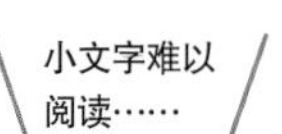

广告的要求

目标群体

想购买廉价机票的20~40岁人群

需求

廉价机票的广告。使用蓝天和飞机强调廉价的信息

素材数据与文本

- 最大80% OFF
- 可以预约当天的机票
- 最快3分钟预约
- 廉价航空首选机票
- 飞机的图片

After

对话框吸引目光

好像飞机在说话一样有趣味性的画面!

圆形的对话框很有平衡感

GOOD 张弛有度地传达信息

蓝色的背景、白色的文字与黄色的对话框，很容易吸引目光。信息都能够准确地传达出来。对话框是很方便使用的元素，可以应用在各种设计场景之中。

最适用于简短的内容

如果是简短的文字信息，无论任何设计都可以使用对话框。

PART 4

03

分 组

优雅华丽的设计

缎带

如果只用简单的色块作为文字的背景，有时候会给人留下朴素、土里土气的印象。在想要传达优雅华丽氛围的时候，缎带是个不错的选择。

Before

各分区的留白太少，整体画面显得拥挤

普通的色块背景显得土里土气

BAD 下方的色块给人一种土里土气的印象

虽然通过对信息进行分区提高了文字的辨识度，但下方的色块显得有些沉重。下方的色块遮挡了很多商品图片和女性的图片，导致留白太少，使画面显得拥挤。

虽然辨识度很高，但很土气

广告的要求

目标群体
20~40岁对紫外线敏感的女性

需求
防晒霜的广告。利用商品的蓝色调传达优雅华丽的感觉

素材数据与文本

- 守护肌肤的UV乳液
- SPF30+ PA+++
- 送给不想晒黑的你
- 商品图片

After

缎带给人一种轻快、优雅的感觉

后面的图片不会被大面积遮挡

GOOD 优雅华丽的印象

通过在文字背后添加缎带作为背景，能够传达出高级感和柔和的美感。缎带不会大面积挡住图片，使画面整体显得更加广阔。

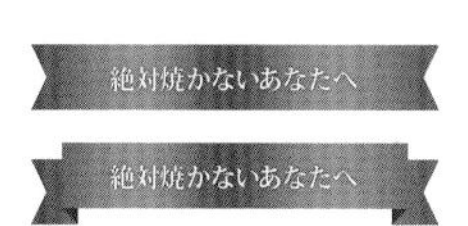

缎带的设计示例

缎带的形状除了波纹形之外还有水平形和拱形。两端折叠起来的话还能够表现出立体感。

PART 4

04

分 组

按顺序传递图片信息

步骤图解

像“申请方法”和“购买流程”等需要按顺序传达信息的时候，用步骤图解就可以使信息内容一目了然。

Before

虽然画面的整体感不错，但看起来有些寂寞的氛围

相似的字体和尺寸难以吸引视线

虽然加入了图片，但还是给人一种单调的感觉

BAD

过于简单的风格缺乏传达力

只突出诊断步骤，不包含多余的信息，文字和边框的大小相同，这样的设计虽然简洁，但难免给人留下单调的印象。此外，因为文字没有强弱的区分，所以没有让视线最初停留的点，导致难以阅读。

哪个步骤最重要呢?

广告的要求

目标群体
考虑换工作的20~40岁女性
需求
换工作的分析广告。女性喜欢的氛围和流行风格

素材数据与文本
- AI换工作分析诊断
- 登录 诊断 结果 3步骤诊断
- 立即开始诊断

After

3个步骤一目了然

表现出流行的风格

GOOD 步骤一目了然

利用图解来表现步骤，让人一目了然。图解的尺寸逐渐增加，同时搭配女性的图片，在视觉上更容易传达信息。

各种各样的图解设计　在每个步骤添加图片和号码，或者逐渐加深颜色等，都可以使步骤顺序一目了然。

PART 4

05

分 组

边框里的文字一目了然

添加边框

如果客户提供的文字素材太多，为了保证空间就只能将文字都挤在一起。这个时候给文字添加边框就可以使文字信息一目了然。

Before

文字信息挤在一起难以阅读

变化太少，让人难以把握重点内容

BAD 相似的文字挤在一起难以阅读

因为整个画面的一半以上都被白色的文字占满，让人难以区分文字的优先顺序，导致视线散乱。尤其是下半部分，文字的字体和尺寸都很相似，难以阅读和理解。

哪一个是最重要的信息呢？

广告的要求

目标群体

20~50岁的商务人士

需求

电动剃须刀的广告。传达高性能和高级感

素材数据与文本

- 深剃 shaving drive
- 销售额No.1※
  ※网络销售社排行榜2020–2021年度
- 深剃性能UP、防水性能UP
- 电动剃须刀的图片

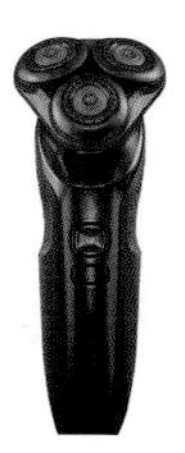

After

将文字模块化，更便于阅读

带边框的文字更加显眼

GOOD 将信息区分开更便于理解

用边框将连续的文字区分开，可以使每一组文字内容独立出来，更便于用户阅读。除了布局之外，将文字分区也可以使信息一目了然。

添加边框时的注意事项

因为添加边框会使文字的尺寸变小，所以不要用在标题和主要内容上，可以给次要内容添加边框。

PART 4

06

分 组

两个色调也能体现出华丽的氛围

颜色反转

网页广告如果用白色的背景和黑色的文字，给人的感觉不够显眼。同样用黑色和白色，只要将文字颜色与背景颜色切换，就能极大地改变设计的节奏。

Before

设计比较单薄，缺乏冲击力

白色的背景与黑色文字的搭配显得普通且单调

BAD 给人留下单调且不显眼的印象

虽然客户要求使用白和黑的配色，但只用白色背景与黑色的文字会使整体画面显得单调乏味。过于简单的设计缺乏冲击力，无法吸引眼球。

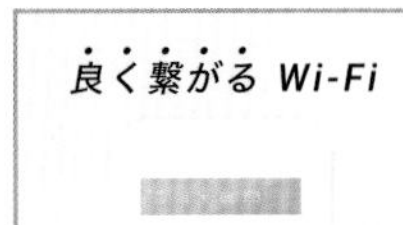

白色背景与黑色文字的搭配太普通了

广告的要求

目标群体

20~40岁想在外面也使用网络的人

需求

移动Wi-Fi的广告。用黑白两种颜色传达简洁、时尚的印象

素材数据与文本

- 信号通畅 Wi-Fi
- UNIVERSAL mobile Wi-Fi
- 月租2980日元 不限流量
- 移动Wi-Fi的图片

After

背景用黑白的对比色更加显眼

对话框能够吸引眼球

GOOD 简洁但张弛有度

即便只有黑与白两个色调，通过切换背景色与文字颜色，也能使画面显得张弛有度，更加显眼。文字根据传达的信息进行布局，可以使内容一目了然。

×

○

配色时的注意事项

红与绿、红与蓝等配色的交界处会比较刺眼，尽量选择搭配起来不刺眼的颜色。

07

分 组

让人想要“点击”的设计

按钮

因为网页广告的目的是让用户点击，所以引导用户点击的表现形式非常重要。配置明显的按钮要素就能引导用户进行点击。

Before

上半部分显得有些沉重，整体平衡感不佳

虽然添加了图片但仍然缺乏传达力

下半部分留白太多，显得头重脚轻

虽然使用人物图片和张弛有度的文字来吸引眼球，但下半部分的留白太多，画面整体缺乏平衡感。此外，文字和背景颜色很接近，辨识度太差。

文字的部分太不显眼……

广告的要求

目标群体
中小企业的商务人士
需求
以收集准备导入ICT的企业信息为目的的广告。传达信赖与安心的印象

素材数据与文本
- WORLD SYSTEM（公司名）
- 利用ICT将生产效率提高30%
- 丰富的改善案例
- 阅读报告

After

点击的按钮一目了然

通过调整重心使画面整体更有平衡感

GOOD 用按钮引导用户点击

做成按钮的样子，能够引导用户去点击。此外，将按钮的颜色做成深色系，可以使重心向下移动，使画面整体更有平衡感。

詳しくはこちら

詳しくはこちら

詳しくはこちら

詳しくはこちら

詳しくはこちら

詳しくはこちら

按钮的设计示例

将文字框起来并添加背景色就能使其变成按钮。背景色加入渐变效果看起来会更好。

PART 4

08

分 组

表现节日和活动等热闹的效果

拱形

节日和活动的宣传等需要营造热烈气氛的网页广告，将文字设计成拱形，就能很容易营造出快乐的氛围。

Before

意料之外的留白显得有些浪费

标题过于单调不吸引目光

✕ 标题过于单调不吸引目光

BAD

啤酒的图片和波浪形的背景与色块，都成功地营造出了快乐的节日气氛，但标题却显得有些单薄，缺乏亮点。此外，标题下方的两侧有多余的留白，使整个画面看起来空荡荡的。

标题不够吸引人……

广告的要求

目标群体
20~60岁喜欢啤酒的人群
需求
当地啤酒节的举办广告。使用啤酒元素，营造出可以轻松参加的流行氛围，吸引当地民众参加

素材数据与文本
- 当地啤酒节 in FUKUOKA
- 入场券预售中
  地点：市政府前广场
- 8.28（周六）
  8.29（周日）12：00—22：00
- 啤酒的图片

After

拱形的标题营造出热烈的气氛

整体的留白有平衡感

视线从上到下自然地移动

GOOD 营造出热闹的节日气氛

拱形排列的文字更适合营造节日的热闹氛围。此外，拱形的标题还可以将视线向下方引导，使视线从上到下自然地移动。

防止文字部分显得空荡荡的对策　在拱形文字的内侧配置次要信息，组成一个扇形，就可以避免画面显得空荡荡的。

专栏

推荐给不擅长网页广告设计的人

用临摹练习来锻炼自己的设计感

临摹网页广告，可以丰富自身文字组合与配色的经验。临摹时的关键在于，不要只临摹自己喜欢的设计，还要多挑战自己不擅长的风格，这样才能使自己的设计水平得到提高。

临摹练习的流程

※不要将临摹的作品发布到网络上。临摹只是为了练习。

① 寻找用于临摹的图片

通过Pinterest搜索！

通过Pinterest搜索想要临摹的网页广告。首先可以从自己喜欢的设计风格开始。

② 用Photoshop进行临摹

照着示例广告操作

打开Photoshop，将临摹的广告放在一边，在另一边进行临摹。

③ 确认偏差

通过调整不透明度来确认偏差

临摹完成后，将其中一张图片的不透明度调低，然后将两张图片重叠在一起确认偏差。

临摹练习的技巧

字体和图片只要相似就OK

临摹的时候，要想完全重现原广告的字体和图片非常困难。因此用手头的相似素材代替一下即可。只要风格和氛围接近，就算不是完全一样也没问题。

不要重叠在一起，横放在一起进行临摹

将原广告的不透明度调低，重叠在下面进行临摹固然很简单，但这样就无法练习字体尺寸和距离感。为了让自己能够有所提高，最好将原广告横放在旁边进行临摹。

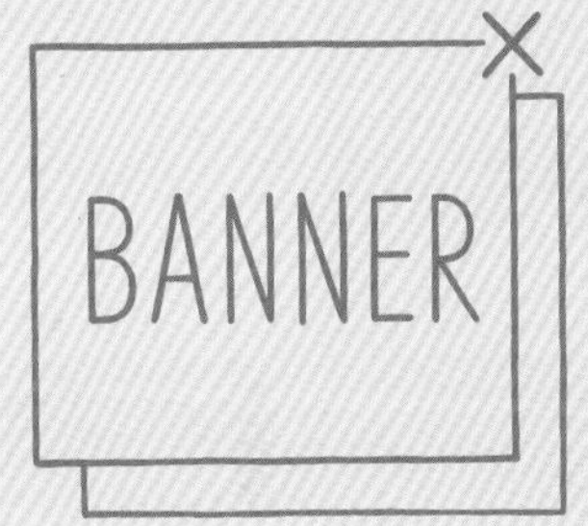

不要用吸管提取颜色

Photoshop的吸管工具能够很方便地提取颜色。但在进行临摹练习时绝对不要使用吸管工具。尝试自己选择色相、明度和饱和度来进行临摹，重现原广告的颜色，这样才能提高自己的色彩感觉。

PART 5 人物

用人脸和目光来吸引视线的技巧

人物肖像
是最强的武器！

人物的肖像是吸引用户视线的最强武器。

充分利用人物的目光和动作等设计，

就能自然而然地让用户的视线停留下来。

但如果设计不当也会起到反效果，

所以请牢记以下几点。

PART 5

01

人　物

吸引视线的技巧

脸

人类有注视人“脸”的习惯。通过利用人类的这一习惯，就可以自然地将用户的视线引导过来，使广告更加显眼。

Before

只有文字信息缺乏冲击力，容易被忽略

不仔细看就难以了解内容

1回20分
簡単英会話
オンライン英会話は
ENGLISH LIFE
まずは無料体験

BAD

过于简单的设计无法吸引视线

虽然配色和文字尺寸都很好，整体平衡感也不错，但只有文字信息难以吸引用户的视线，容易被忽略。整体来说给人一种单调、枯燥的印象。

无法吸引视线

广告的要求

目标群体

20~40岁想要学习英语的人群

需求

英语学校的免费体验广告。想要给人留下值得信赖和简单易学的印象

素材数据与文本

- 1次20分钟简单英语会话
- 在线英语会话 ENGLISH LIFE
- 免费体验

After

女性的脸吸引视线停留

通过图片传达课程的氛围

免费服务增加用户的好感

GOOD 用脸吸引视线，留下亲切的印象

女性的脸占了很大的画面，能够一下子就吸引住用户的视线。同时，女性戴着耳机进行在线英语会话的愉悦氛围也能传达给用户，增加用户的好感。

图片要大 如果文字和脸一样大，会分散用户的注意力。人脸比文字更大的配置可以更有效地吸引视线。

PART 5

02

人 物

利用视线的方向来引导文字

人物视线

人类还有跟随视线的习惯。如果广告上的人物视线望着宣传语和金额等重要的信息，就能够将用户的视线也自然而然地引导向这些想要传达的信息之上。

Before

人物的视线看向了外侧

广告语不容易吸引视线

视线被引导至广告之外

BAD

因为广告中人物的视线望向外侧，就会使用户的视线也被引导出去。这样一来，广告语的文字就很难吸引用户的视线，内容也无法传达出去。

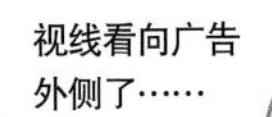

广告的要求

目标群体
20~50岁对美有追求的女性
需求
每月付费脱毛服务的宣传广告。用简洁的设计传达安心安全的印象

素材数据与文本
- 初次咨询免费
- “全身脱毛”每月8500日元
- 脱毛诊所
- 详情请点击
- 女性的图片

After

女性的脸和广告语很吸引视线

视线自然流动，文字易于阅读

宣传语更加显眼

GOOD

人物的视线正对着宣传语，能够自然地将用户的视线引导向文字内容。此外，在阅读宣传语之外的部分时，也能够将视线返回到人物的视线上，使得宣传语变得更加显眼。

不要用错图片 完全侧面的人脸吸引视线的效果不佳，为了起到最好的效果，应该用能够看到人物两只眼睛的角度。

PART 5

03

人 物

配置多名人物营造热闹的氛围

集体照

想要表现热闹的氛围时，画面中不要只放一个人物，而是尽量多放一些人物，营造出热闹的感觉。

Before

虽然添加了人物的图片，但因为只有一个人，显得冷冷清清的

左右两部分界限分明，缺乏冲击力

BAD

只有一个人的话会给人一种冷冷清清的感觉

左右分割的布局能够清晰地传达信息，但配置在右侧的女性图片占比较小，没有热热闹闹的感觉。但如果将人物放大就会将手机裁剪掉，这个尺寸已经是最大了。

放大图片的话就看不到手机了。

广告的要求

目标群体

18~26岁刚步入社会的年轻人

需求

银行账户的宣传广告。传达信赖与亲切的感觉，以及活动的热闹氛围

素材数据与文本

- 用手机简单开设银行账户
- BANK银行
- 现在所有人都能获得3000日元的礼券

After

增加人物的图片营造出热闹的氛围，也更适合“所有人”的宣传语

目标群体一目了然

叠加的人物营造出纵深感和节奏感

GOOD 热闹的氛围与目标群体一目了然

将人物从1个人增加到3个人就能营造出热闹的氛围。左右两侧稍微溢出的配置能够营造出节奏感，顺利地传达出热闹、快乐的活动氛围。

集体配置 原始图片的三人之间有间隔，通过剪切将三人靠在一起，可以使整体更有平衡感。

PART 5

04

人物

利用手部动作传递信息

手势

用手指或者平伸出手掌等手势也可以引导视线。首先用人脸来吸引视线，再搭配上手部的动作来引导视线，能起到更明显的效果。

Before

脸部的冲击力很强，很吸引视线

广告语被忽略了

视线都被脸部吸引过去了

女性直视镜头的图片非常吸引视线。虽然作为视线首先停留的点很合适，但因为过于显眼，很容易让人忽略广告语，有些喧宾夺主。

感觉人物变成主角了

广告的要求

目标群体
30~60岁单身生活的男性
需求
家政服务的折扣活动宣传广告。给用户留下温和印象的同时传达优惠信息

素材数据与文本
- 专业保洁让你的家总是整洁如新
- 家政服务
- 初次服务赠送5折优惠券
- 40分钟1980日元
- 点此预约

After

脸部吸引视线之后，将视线引导向文字信息

内容一目了然

PART 5 人物

○ GOOD 用手部的姿势引导视线

虽然同样是女性直视镜头的图片，但因为搭配了手部的动作，可以顺利地将用户的视线引导向文字信息，使文字信息便于阅读，一目了然。

手要接近脸部 如果手与脸部距离太远，引导效果就会减弱。所以尽量让手离脸部近一些。

PART 5

05

人 物

调整脸部的存在感

隐藏眼睛

用人脸吸引视线固然很好，但有时候过于吸引视线就显得喧宾夺主。为了让商品更加突出，将人脸上的眼睛隐藏起来，就能减弱脸部对视线的吸引力。

Before

脸部过于吸引视线

商品不显眼

BAD 人脸过于吸引视线，使商品不显眼

整体的配色和氛围都非常好，但人脸的冲击力太强，过于吸引视线，而最重要的商品却不显眼。因为这是手表的广告，所以不能喧宾夺主。

人脸比手表更吸引视线……

广告的要求

目标群体
注重外表的男性销售人员
需求
手表的宣传广告。想传达出高级、成熟的印象

素材数据与文本
- 精巧纤细
- The Watch
- 男性图片与手表图片

After

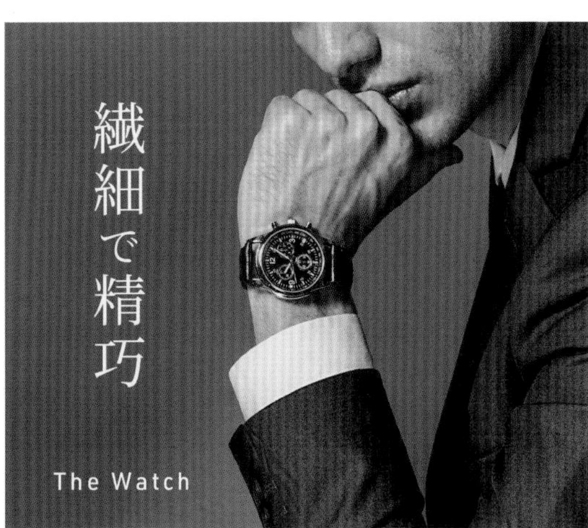

手表成功地吸引视线

文字也一目了然

商品图片成功地吸引视线

GOOD

将之前的图片扩大并剪裁掉一部分，虽然是同一张图片，但将眼睛隐藏起来之后，人物的存在感明显减弱，手表成为整个画面的主角。

室内图片也要隐藏眼睛　想传达室内信息和氛围的时候，如果图中有人物出现也可以将眼睛隐藏起来。

PART 5 人物

PART 5

06

人 物

从圆形中探出人物的图片可以自由配置

从圆形中探出人物

人物的图片大多采用的是腰部或胸部以上的构图，下方呈水平状，在配置时会受到限制。因此将人物放在圆形之中就可以自由地进行配置。

Before

讲座名称的文字太小

右下有多余的空白空间

女性的脸过于吸引视线

布局松散，难以阅读

女性的图片与竖排的次要信息成为布局的中心，作为广告主要信息的讲座名称字体偏小，难以阅读。此外，女性的脸过于吸引视线，如果不集中注意力就难以把握文字内容。

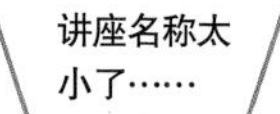

广告的要求

目标群体

20~40岁想要考取医疗资格证书的女性

需求

医疗远程教育讲座的宣传广告。用粉色系营造出温柔的氛围

素材数据与文本

- 医疗事务讲座
- 受女性欢迎的稳定工作资格
- JAPAN通信教育
- 女性的图片

After

女性与圆形搭配出立体的节奏感

讲座名称放大后更加显眼

视线的流动更加自然

GOOD 视线自然移动，讲座名称也更加明显

女性的图片向上移动之后，视线就会按照人脸→竖排文字→讲座名称的顺序自然移动。此外，女性背后的圆形背景加入重点色，给人留下柔和的印象。

不要把人物放在圆形内

如果将人物完全放在圆形内会显得人物太小，因此将人物的头部稍微伸出圆形，会使画面更有平衡感。

专栏

避免产生不协调感与不快感

绝对不能用的人物构图

网页广告之中经常会用到人物图片。在这个时候如果采用了错误的设计，就会使用户感觉不协调，甚至产生不愉快的感觉。为了避免出现这样的情况，请注意以下几点。

① 斩首的构图

背景是否切到了脖子?

将人物的脑袋和身体切开的布局就是斩首构图。背景颜色切换的位置刚好在脖子处或在脖子的部分裁剪都是错误的设计。在切换背景颜色的时候，要么在肩膀以下，要么在下颚之上。

② 穿刺的构图

是否有物体刺穿了脑袋

头顶部看起来有其他物体的构图就是穿刺构图。比如背景有窗框或植物的树干、电线杆等柱状物与人物的头部重合，看起来就像是头部被刺穿了一样。在布局时注意头部后方不要配置垂直的背景。

③ 戳眼的构图

是否有尖锐物体对着眼睛

有尖锐的物体对着人物眼睛的构图就是戳眼构图。比如对话框的箭头、植物的枝叶等，如果正对着眼睛，看起来就好像戳眼一样。在布局时适当地将这样的部位调整到额头或嘴巴的方向。

PART 6 美化和调整

对图片进行美化和调整

将昏暗的图片
变漂亮

感觉图片
不够好看

网页广告经常需要用到图片，

但有时候可能会遇到客户提供的图片素材很昏暗，

或者难以进行设计等问题。

对于这样的图片，

需要我们自己动手来将其变得更加漂亮。

PART 6

01

美化和调整

自然营造出物体与背景的交界线

投影与光彩

当背景与商品的颜色接近时，会使商品融入背景之中，难以辨识。通过添加投影与光彩，可以自然地营造出物体与背景的交界线，使商品更加显眼。

Before

商品与背景之间的交界线很模糊

商品融入背景之中难以辨识

BAD 商品融入背景之中，难以辨识

文字的尺寸和布局都很合理，文字的辨识度也很高。但浅灰色的背景与商品的颜色过于接近，导致商品的轮廓融入背景之中。商品的存在感不强。

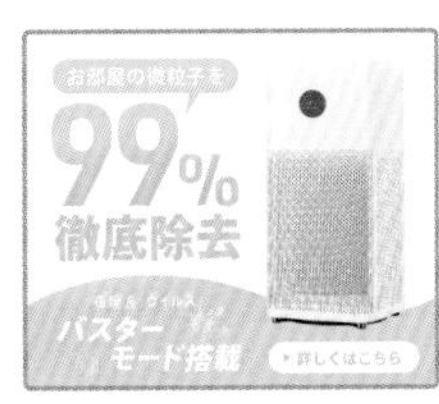

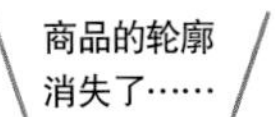

广告的要求

目标群体
20~60岁喜欢干净的人群
需求
空气净化器的宣传广告。用蓝色的配色传达清洁、可信赖的印象

素材数据与文本
- 房间中的微小颗粒 99% 彻底去除
- 具有清除花粉与病毒功能
- 详情请点击
- 空气净化器的图片

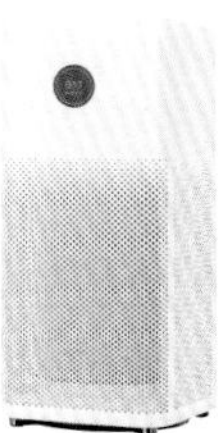

After

通过添加蓝色的光彩使商品的轮廓更加清晰

添加投影增加立体感

GOOD 商品更加清晰可见

在商品周围添加蓝色的光彩，使商品的轮廓更加清晰。因为光源在商品的左上方，所以在右侧添加投影，营造出自然的效果。

×

○
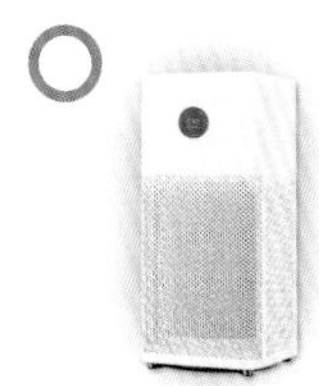

不要过度加工 投影和光彩如果添加过度会使画面显得不自然，在调整时要尽量营造出自然的效果。

PART 6

02

美化和调整

营造出轻松欢快的氛围

剪贴簿

面向儿童的服务或宠物用品的宣传广告，往往需要传达出一种轻松欢快的氛围。在这种时候将图片轮廓剪切下来做出剪贴簿的效果非常好。

Before

虽然整体设计很有节奏，但文字难以阅读

配色和字体虽然很欢快，但有种单调的感觉

过于朴素，缺乏欢快感

画面整体给人一种单调的印象，缺乏欢快感。此外，因为对比度比较低，导致文字难以阅读。

过于简单，显得有些枯燥……

广告的要求

目标群体
饲养宠物的人
需求
宠物保险的宣传广告。用明快的颜色营造轻松欢快的氛围

素材数据与文本
- 购买宠物保险了吗?
- 宠物保险Light
- 事先做好准备
- 受伤或生病时
- 点此获取资料
- 狗的图片

After

给文字添加白色的边框和阴影，增添立体感，使文字更易于阅读

图片做成剪贴簿的风格，营造轻松欢快的氛围

PART 6 美化和调整

GOOD 用阴影与边框营造轻松欢快的氛围

将文字与图片做成剪贴簿的效果，就能营造出轻松欢快的氛围。有立体感的文字更加显眼，内容一目了然。边框相当于文字宽度的一半最有平衡感。

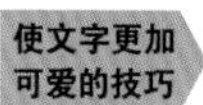

使文字更加可爱的技巧 在使用剪贴簿的设计风格时，首先将每一个文字添加边框排列在一起，然后调整文字的上下位置并将文字紧凑地安排在一起，就能营造出轻松欢快的感觉。

PART 6

03

美化和调整

将商品图片与文字都放大到极限

突破界限

如果将商品图片和文字都放大，会出现重叠，导致辨识度降低。在这种情况下，可以将重叠的部位调整为渐变的半透明来提高辨识度。

Before

文字和火锅的边缘部分重叠在一起，导致文字的辨识度降低

火锅的尺寸有点小，缺乏冲击力

✕ BAD 商品与文字重叠使得辨识度降低

火锅的图片与商品名称都尽可能放大的话，就难免出现重叠的情况。如果有所顾忌就会使文字和火锅都处于非常尴尬的尺寸，效果反而不好。

火锅的图片想再大一点。

广告的要求

目标群体
20~40岁喜欢美食的人群

需求
网络销售火锅的广告。在传达日式风味的同时，营造美味火锅的氛围

素材数据与文本
- 特选火锅
  元祖博多锅（店名）
- 点此下单
- 火锅的图片

After

文字更加易于阅读

火锅的图片放大之后更能传达出美味的信息

文字易于阅读，商品也很显眼

GOOD

将火锅图片与商品名称重叠的部位变成渐变的透明色，就可以使商品图片扩大显示。火锅中的美味食材一目了然，更能传达出美味的信息。（具体的方法参见P136的专栏）

×

○

渐变的注意事项 在给图片添加渐变效果的时候，注意不要暴露出剪切的边界线。从边界线内侧添加渐变会使画面显得更加自然。

PART 6

04

美化和调整

与美容相关的产品图片常用的技巧

镜面反射

化妆品等与美容相关的商品广告，需要传达出高级感。在这个时候，添加镜面反射的效果是十分常用的设计方法。

Before

画面给人一种扁平的感觉

商品好像漂浮在背景上

BAD

扁平的画面缺乏高级感

商品图片的配置与文字的搭配都很华丽，但整体却给人一种扁平的感觉。化妆品的广告一定要传达出高级感和闪闪亮亮的美感。

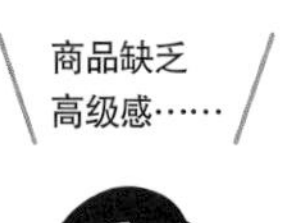

广告的要求

目标群体

30~50岁对基础化妆品感兴趣的女性

需求

基础化妆品套装的广告。用白色调营造高级感

素材数据与文本

- “渗透效果” 滋润肌肤
- MEDIUM（品牌名）
- 化妆品的图片

After

底面的反射营造出立体感

自然而然地营造出纵深的空间感

商品看起来更漂亮，有高级感

GOOD 镜面效果营造出高级感

在商品的下方加入镜面反射的效果，就能营造出美丽闪耀的高级感。反射还能增加立体感，使画面出现纵深的感觉，空间也自然而然地变得更加广阔。

添加正确的反射 因为镜面反射是上下翻转的图片，所以在添加镜面效果时一定要注意图片的布局。

PART 6 美化和调整

PART 6

05

美化和调整

对剪切的位置进行调整

笔刷效果

有时候顾客提供的素材图片剪切的位置不好，使用时难以配置。在这种时候可以使用笔刷将剪切的直线部分删掉，就可以使图片更容易配置。

Before

图片上有多余的留白

女性的图片太小

剪切的图片不便于配置

图片剪切得不自然

BAD

女性的图片剪切的位置非常不自然，下半身给人一种不协调的感觉。人物的尺寸太小，周围出现了多余的留白。需要将人物放大，并且通过重新剪切来消除不协调的感觉。

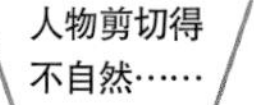

人物剪切得不自然……

广告的要求

目标群体
20~50岁缺乏运动的人群
需求
健身会所的宣传广告。给人留下健美和力量的印象

素材数据与文本
- 完全单独训练
- 30 DAYS ¥0
- PERSONALGYM
- 训练中女性的图片

After

放大人物尺寸，使人物更加显眼

没有多余的留白，画面更加紧凑，有感染力

GOOD 用笔刷删除一部分背景，将图片放大

将女性的图片放大，从腰部重新剪裁。用笔刷将背景删除一部分，然后将女性的图片配置在上面，消除多余的留白部分。这样的画面更有感染力。

可以尝试各种各样的笔刷

墨水滴落状的笔刷和用普通笔刷画出W或M字样等，可以根据想要的效果选用合适的笔刷。

专栏

让图片变得更漂亮

常用的Photoshop技巧

图片亮度不足显得昏暗，装料理的盘子边缘看起来不美观，遇到这样的情况时，可以用Photoshop对图片进行调整。

让交界线变得更加柔和

Before

After

料理的图片放大后，如果盘子边缘部分太显眼或不美观，可以对其进行渐变透明的处理，使交界线变得更加柔和，这样就能让用户的目光集中在料理上。

① 添加图层蒙版

为了营造出渐变的透明效果，首先要添加图层蒙版。选择想要穿透的图层，点击“图层”→“图层蒙版”→“显示全部区域”。

② 选择渐变工具

在画面左侧的面板中选择“渐变工具”。默认设定“油漆桶工具”，长按可以切换选择。

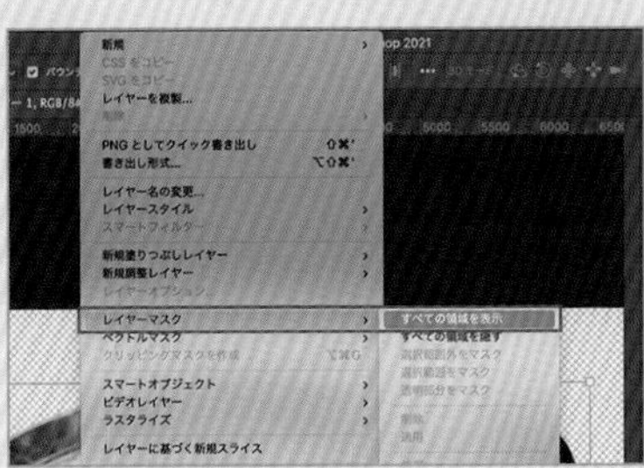

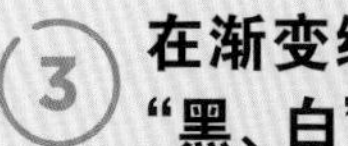

在渐变编辑器中选择“黑、白”

❶点击home图表右侧的“渐变编辑器”。❷在预设中选择“黑、白”，然后点击“OK”。

④ 选择图层蒙版

在画面右下方的图层面板中，点击图层蒙版（带锁链的白色长方形）。如图所示，白色的边框来到图层蒙版的位置。

⑤ 拖拽想要透明的部分

在选择图层蒙版的状态下拖拽图片，拖拽的范围就会变得渐变透明。在拖拽的起点到终点呈渐变状。

⑥ 不断重复这一步骤直到取得理想的效果

不断重复步骤⑤，直到角度和透明达到自己想要的效果。

让画面变得更亮

Before

After

客户提供的素材图片往往很昏暗，需要将画面调亮。这时可以使用Photoshop的插件功能“Camera Raw 滤镜”，将图片昏暗的部分变亮。

① 将图片转变为智能对象

为了对图片进行调整，首先需要将图片转变为智能对象。点击“图层”→“智能对象”→“变换智能对象”。

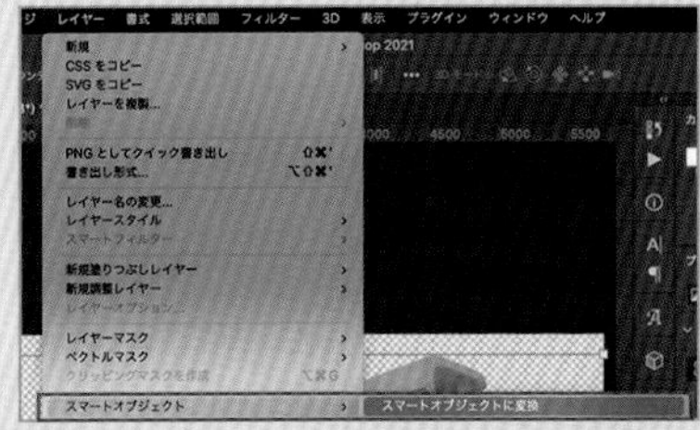

② 启动Camera Raw滤镜

启动Camera Raw滤镜。点击“滤镜”→“启动Camera Raw滤镜”。

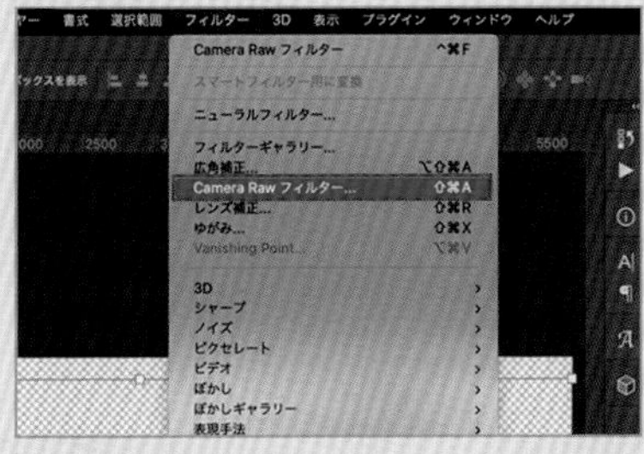

③ 调高阴影值

启动Camera Raw滤镜之后，首先调高“阴影”的数值，将阴影部分变亮。

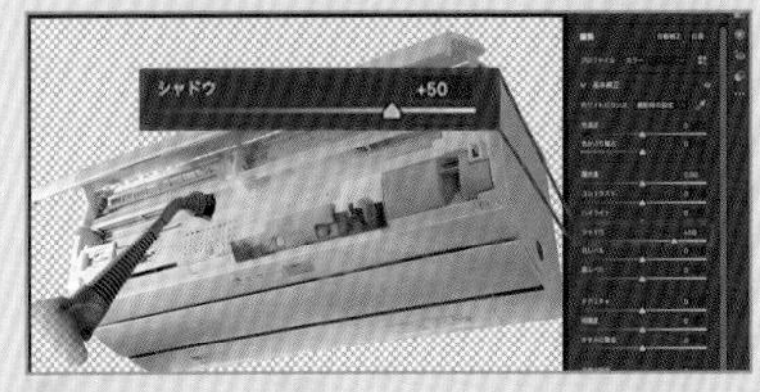

④ 调低高光值

为了防止图片明亮的部分过曝，调低“高光”的数值，将明亮部分变暗。

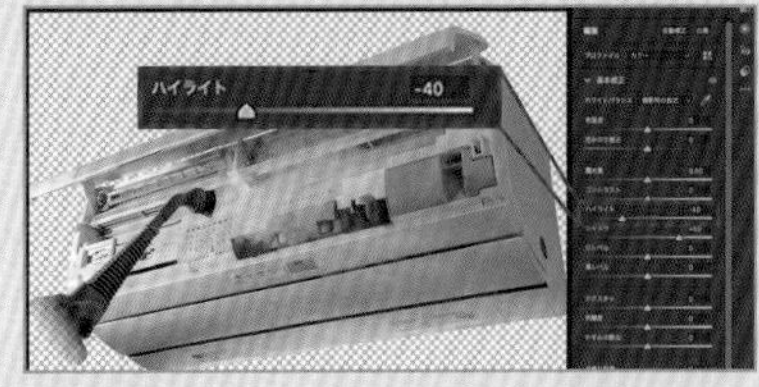

提高曝光度

调整完整体的亮度平衡之后，提高“曝光度”的数值将画面变亮。但要注意不要调得太高，避免过曝。

调整对比度

将“对比度”稍微调高一点，可以使画面看起来更清晰。

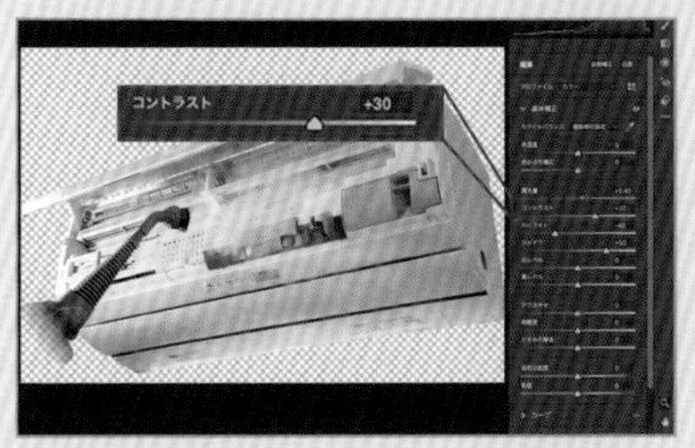

调整饱和度

将“自然饱和度”调高，会使画面颜色更加鲜艳。

整体调整

最后根据整体的效果对“曝光度”“对比度”“阴影”“高光”的数值进行微调。

PART 7 搭配与特效

用合理的搭配与特效做出吸引人的设计

搭配
不合理?

如果采用了错误的搭配方式,

反而会使画面看起来土里土气,缺乏

美感,

因此,一定要选择合理的搭配与特效。

接下来我将为大家介绍几个初学者也

能轻松掌握的搭配技巧。

PART 7

01

搭配与特效

新潮时尚的设计

三角形

在画面中适当地添加三角形，能够使画面显得更加新潮时尚。但如果使用不当，则会显得土里土气，所以，请注意以下的规则。

利用三角形的角度表现纵深感

三角形与背景融为一体，让文字更加显眼

新潮时尚的印象

POINT

用一个尖角来引导方向

三角形要选择有锐角的斜三角形，用最尖的角来引导方向，可以给人留下有节奏的印象。反之，正三角形会给人留下稳定的印象，容易显得土气。

CLEARANCE SALE MAX 80%OFF 6.30 wed START ALL STYLE

用正三角形做搭配会显得过于稳定而缺乏节奏感，看起来显得土气。

CLEARANCE SALE MAX 80%OFF 6.30 wed START ALL STYLE

用有一个尖角的斜三角形随机搭配会显得新潮时尚。

PART 7

02

搭配与特效

给标题增添亮点

括号

在标题只有简短几个字的情况下，只有文字会显得有些单调。这时候给标题添加括号，可以使文字看起来更加华丽，更容易吸引视线。

① 半括号

最常用的是“半括号”，只将左上和右下括起来，将视线引导至位于中央的文字。括号的线条要比中间的文字更细一些，这样平衡感比较好。

② 全括号

将左右两边全都括起来的“全括号”，比半括号更容易将视线集中到中央的文字上。全括号的线条同样要比中间的文字更细一些。

③ 斜杠

在文字两侧添加“斜杠”，看起来就像在声援一样，有一种从下方发出充满热情的声音的感觉，能够给人留下时尚、明快的印象。

④ 双引号

双引号能营造出知性的氛围。因为双引号没有线条，所以与括号相比显得更有个性。不同字体的双引号形状不同。

PART 7

03

搭配与特效

可以用在任意地方的万能图形

圆形

圆形没有尖角，感觉不到方向性，给人一种轻飘飘的感觉。因为可以安排在任何位置，所以常用来搭配想突出显示的信息。

3 个圆形吸引视线

商品和圆形用同样的颜色，可以使视线自然地移动

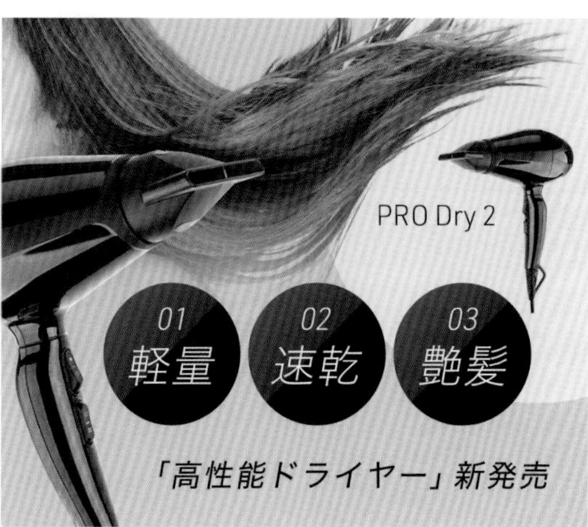

POINT

不要用椭圆，用正圆形

文字信息比较长的时候似乎用椭圆更好，但椭圆搭配不好很容易给人留下负面印象。如果想给人留下井然有序的印象，最好使用正圆形。

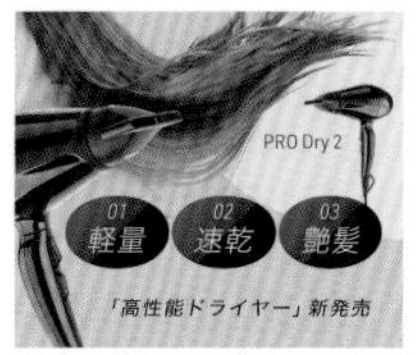

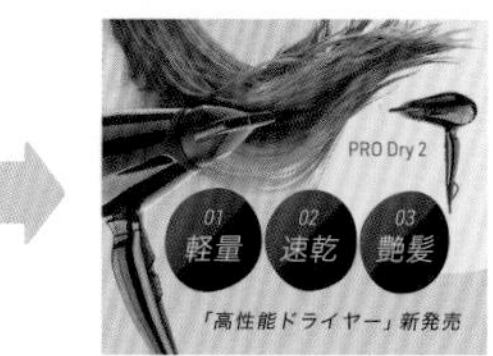

正圆形给人印象太生硬的话……

如果感觉正圆形太生硬的话，可以使用手绘的圆形来增添柔和度。

用象征性的图形直观地传达信息

图标

与文字相比，图标能够更直观地传达信息。使用让人一眼就能看出内容的象征性图标来吸引视线吧。

可以将功能信息直观地传达出去

图标十分吸引视线

POINT

选择与内容具有较高相关性的图标

阅读文字需要时间，而图标则能够让信息一目了然。但如果选择与内容相关性和整合性比较低的图标，则容易引起用户的混乱，所以一定要慎重地设计图标。

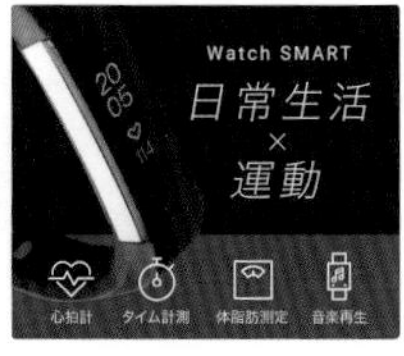

图标看不清的时候 如果图标的线条太细导致辨识度太低，可以添加圆形的背景来提高辨识度。

PART 7

05

搭配与特效

流行的漫画风格非常显眼

漫画风格

像美式漫画一样的漫画风格设计，黑色的边框与丰富多彩的配色，对话框搭配斑点花纹，充满了吸引视线的要素。

文字有立体感，十分吸引视线

斑点花纹既时尚又热闹

丰富多彩的配色营造出欢乐的氛围

POINT

用明度高的颜色提高辨识度

美式漫画风格不可或缺的元素就是“黑色边框”，给人一种非常明亮、对比度很强烈的感觉。如果选用明度较低的颜色就会与黑色同化，难以辨识，所以要尽量使用明亮的颜色。

更加易于辨识的技巧

明度过低会导致难以辨识。提高明度，在黑色边框的内侧添加白色线条可以更进一步提高辨识度。

PART 7

06

搭配与特效

用闪耀的光芒来吸引视线

星光

星星是最基本的图形，可以增添光芒闪耀的效果，吸引用户的视线。星星因为会散发出光芒，所以常用白色和黄色。

① 菱形

最常用的“菱形”星光。用不同尺寸的2~3个菱形星光组合到一起，看起来很有平衡感。

② 十字形

纵横长度相同的“十字形”星光，会给人一种高雅的印象。与菱形星光相比，显得更加高档。

③ 手绘

手绘的星光能够给人一种温柔、可爱的感觉，用于营造亲近的氛围。

④ 渐变

“渐变”的星光很有真实感，在星光的中心配置一个渐变色的圆形，可以给人留下真实的印象。

PART 7

07

搭配与特效

营造华丽效果必不可少的要素

花

如果想营造华丽的效果，使用花朵进行搭配肯定没错。不同风格的花，可以营造出从可爱到高雅的许多氛围。

① 水彩画

淡淡的水彩画风格花朵，非常适合作为背景，不会喧宾夺主，适用于许多场景。

② 写实

写实风格的花朵非常吸引视线，所以需要调低对比度和适当地进行裁剪，避免喧宾夺主。

③ 线条

用华丽的线条描绘出来的花朵，即便花纹非常复杂也不会喧宾夺主，是很常用的设计元素。

④ 花瓣

常用玫瑰和樱花的花瓣，自然凌乱的配置就能营造出盛大的氛围，花瓣的大小尺寸需要随机调整，显得自然一些。

PART 7

08

搭配与特效

传达获奖信息和销售业绩

奖牌

如果商品和服务荣获过奖励或销售业绩很好，可以用奖牌来将这一信息传达出去。在奖牌的内部加入数字，在缎带上添加文字，可以使信息一目了然。

奖牌上“No.1”的字样很显眼

商品受欢迎的程度一目了然

POINT

奖牌的尺寸要比商品更小

奖牌的图标能够将商品和服务的品质快速地传达出去。但奖牌如果太大会显得喧宾夺主，所以要控制奖牌的尺寸，不能超过商品图。

奖牌内文字的规则 奖牌内的文字如果用金色的话能够营造出统一感，用深色则能够提高辨识度。

PART 7

09

搭配与特效

与逐条列举搭配使用

对号

在逐条列举的内容开头添加对号，能够起到引导视线的效果，让人自然而然地阅读文字。所以对号经常与逐条列举的布局搭配使用。

将视线吸引到每一行的开头

视线从上到下自然地移动

POINT

逐条列举要竖向排列

在将信息逐条列举时，应该采用竖向的排列方式。在每一行的开头添加对号或者重点号（●、○），就能让视线从上到下自然地移动。

×

横向排列会影响视线的移动，使文字不便于阅读

○

纵向排列能够使视线自然地移动，再加上白色的圆形背景可以进一步提高辨识度。

营造出欢快热烈的氛围

纸片与彩带

在优惠活动和折扣甩卖的宣传广告中，为了营造出欢快热烈的氛围经常会用到纸片与彩带的装饰。用华丽的色彩搭配来增添节日气氛吧！

① 金色的纸片

最标准的效果。用2~3种形状和尺寸在背景上随机配置，就能营造出热闹的氛围。

② 金色的纸片+模糊

将大尺寸的纸片添加模糊效果，能够营造出远近感，好像纸片在眼前飞散一样，给人以临场感。

③ 纸片+彩带

给人留下欢快印象的纸片特效。在两边添加纸筒的图标，营造出欢快热闹的氛围。

④ 纸片+彩带+彩旗

想要营造现场的热闹气氛时，可以在③的基础上添加彩旗。

PART 7

11

搭配与特效

将热气腾腾的美味传达出去

热气

刚做好还冒着热气的食物最美味，而最能传达这一信息的特效就是热气。在想要将米饭和火锅等热气腾腾的食物的美味传达出去时，不妨添加一些热气吧。

热气腾腾的米饭看起来很好吃

热气能够将料理的温度传达出去

POINT

黑色的背景使热气更加显眼

白色的热气能够传达温度的信息。要想突出料理的美味，可以在上面添加热气的特效。因为热气是白色的，所以在黑色的背景中会更加显眼。

×

使用热气特效时，背景一般默认为黑色，如果用亮色作为背景会使热气与周围融为一体。

○

背景用黑色的话，雾状的热气就会十分显眼，能够将食物的温度和美味准确地传达出去。

PART 7

12

搭配与特效

给人留下传统、豪华的印象

和风花纹

让人能够联想到屏风、拉门、和服等和风花纹的设计。能够传达出日本的传统和历史，给人留下值得信赖和高级的印象。日产品牌的商品常用的设计风格。

① 金色的云

常见于屏风之上的花纹。由直线和曲线组成，充满图形的设计感和美感。因为左右两侧的长度易于调整，是使用起来很方便的花纹。

② 金色波浪

波浪形并交叉排列的线条，不管配置在什么地方都不会有突然切断的感觉，给人留下自然的印象。

③ 市松花纹

四方形交叉排列的花纹。虽然只是简单的图形组合，但能够将和风准确地传达出去，也是很常用的花纹。

④ 七宝花纹

将圆形重叠在一起形成的七宝花纹。虽然和市松花纹一样，也只是圆形的排列组合，但因为使用方便且十分美观，是设计中的重要元素。

PART 7

13

搭配与特效

利用线条将视线引导向中心

放射线

呈放射状的线条，能够将视线集中到位于中央的文字和图片上。这种搭配可以在营造热闹气氛的同时突出想要传达的信息，是效果非常好的设计方法。

传达出热闹、明快的优惠信息

位于中央的家具很吸引视线

POINT

使用相近的两种颜色搭配

放射线能够将视线引导向正中央。选用两种颜色搭配可以营造出热闹的氛围。在搭配颜色时最好选择明度、饱和度、对比度都比较接近的颜色。

×

两种颜色的对比度太高，导致放射线非常显眼，使得文字的辨识度降低。

放射线选用同色系的颜色，保证文字的辨识度。线条的粗细随机分配，能给人留下自然的印象。

PART 7

14

搭配与特效

崭新的开始

春季

春季是代表开始新生活等充满希望的季节。使用樱花和新芽等素材，能够营造出充满新希望的氛围。传达出温暖、柔和的印象。

① 樱花+粉色和蓝色

春季最有代表性的要素就是“樱花”。用许多花朵营造出花团锦簇的效果，再搭配散落的花瓣，使画面整体更有平衡感。

\ 调整颜色 /

配色可以只用代表樱花的粉色，如果再搭配上天空的蓝色，能够营造出充满春季气息的积极向上的氛围。

② 新绿+黄绿

春季也是万物复苏的季节。黄绿色的新芽和嫩叶能够营造出新春伊始的氛围。

\ 调整颜色 /

以黄绿色为基调，加入不同色调的两种颜色，就能使搭配更有整体感，背景颜色较深的话就用白色的文字。

PART 7

15

搭配与特效

五彩斑斓的热带风格

夏季

夏天的代表性元素是耀眼的阳光、湛蓝的大海以及洁白的云朵，还有充满南国风情的五颜六色的水果和鲜花。全是能量十足的搭配与颜色。

① 大海+蓝色与白色

\ 调整颜色 /

海水浴的季节。用沙滩排球、海星、椰子树等充满南国海岛风情的元素来传达夏季的感觉。

以大海的蓝色作为背景色，再搭配云朵一样的白色字，能够让人立刻就联想到夏季的天气。

② 木槿+红色与黄色

\ 调整颜色 /

说起南国的花，首先想到的就是木槿。将红色的花与带有粉色的花组合在一起，就能营造出立体感。

以木槿花的红色为背景，以能够让人联想到阳光的黄色作为文字的颜色，就能传达出令人印象更加深刻的热带风情。

PART 7

16

搭配与特效

红叶与收获的季节

秋季

树木在秋季会变成红色和黄色等暖色系。秋季也是农作物丰收的季节。用暖色系的配色来营造热闹的氛围吧。

① 红叶+黄色与橙色

红叶是有代表性的秋季元素。通过改变尺寸和重叠效果可以使画面整体更有平衡感。

\ 调整颜色 /

配色以橙色为基础，再添加颜色相近的黄色和红色，给人留下满山红叶的印象。

② 万圣节+橙色与紫色

万圣节是欧美的收获季，用南瓜头和鬼怪的元素来传达出收获之秋的氛围。

\ 调整颜色 /

用万圣节的主题色橙色作为背景色，中间搭配紫色就能将万圣节的气氛瞬间拉满。

PART 7

17

搭配与特效

用圣诞元素和星光营造喜庆热烈的气氛

冬季

虽然冬季的代表性元素是雪花，但如果只用雪花做装饰会显得冷清。所以要加入圣诞和星光的元素来营造节日的欢乐气氛，还能使画面看起来更加华丽。

① 圣诞+绿色和红色

\ 调整颜色 /

圣诞节是许多国家冬季的一大盛事。在画面下方配置圣诞树，上方配置各种圣诞挂饰，就能设计出具有平衡感的搭配。

使用圣诞节的代表性颜色绿色和红色作为背景色，文字使用白色，能够提高辨识度。

② 灯饰与蓝色和白色

\ 调整颜色 /

WINTER
BIG SALE
50%
OFF

冬季经常在树枝上加装彩灯作为装饰。夜空中如同星光一般的光点和圆形的光晕营造出温暖的氛围。

WINTER
BIG SALE
50%
OFF

将背景色变为深蓝色，再用透明的白色表现雪花。给人留下冬季美丽星空的印象。

新年快乐

新年

日本传统的花纹与新年的氛围十分相称，配色选用具有节日气氛的红白和金色最合适。

① 和风花纹+金色与黑色

New Year's
BIG SALE
50% OFF

金色与黑色使画面充满高级感。简洁的和风花纹非常吸引视线，同时营造出华丽的氛围。

\ 调整颜色 /

给金色和黑色添加渐变，进一步提高画面的质感，让人联想到华丽的食盒。

② 新年+红色、白色、金色

New Year's
BIG SALE
50% OFF

用富士山日出和空中的金色祥云来营造出日本新年的节日氛围。

\ 调整颜色 /

New Year's
BIG SALE
50% OFF

背景颜色以红色和白色为主，再搭配金色就能使节日氛围更加浓厚。背景是深色的情况下，用白色的文字可以提高辨识度。

专栏

完成后不要立即提交

提交前需要检查的内容

设计完成后，不要立即把成品提交给客户，而是要先检查一下是否有遗漏和需要修改的地方。

检查以下6个项目

CHECK 1

基本项目

- ☑ 必需的文本是否全部添加
- ☑ 必需的图片是否全部配置
- ☑ LOGO是否放在正确的位置
- ☑ 构图是否有穿刺和戳眼
- ☑ 用按钮和文字引导点击

CHECK 2

张弛有度

- ☑ 文字是否易于阅读
- ☑ 标题是否吸引视线
- ☑ 金额和数字是否放大且显眼
- ☑ 单位和助词是否缩小

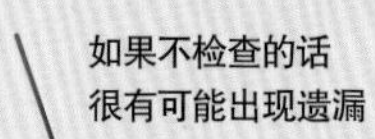

CHECK

3 检查字体

- ☑ 字体与整体印象是否统一
- ☑ 不要使用太多种字体
- ☑ 数字和字母用西文字体

CHECK

4 检查布局和节奏

- ☑ 是否根据意义和用途进行分组
- ☑ 利用背景和横幅进行分区
- ☑ 视线引导是否顺畅
- ☑ 用节奏变化吸引视线
- ☑ 重心是否有偏斜
- ☑ 横排的结构是否连贯

CHECK

5 裁剪与调整

- ☑ 将多余的部分隐藏起来
- ☑ 突出想要展示的内容
- ☑ 避免画面过于昏暗
- ☑ 保证画面垂直与水平
- ☑ 图形和搭配不要给人留下不好的印象

CHECK

6 检查配色

- ☑ 配色与整体印象是否统一
- ☑ 明度与饱和度（色调）是否统一
- ☑ 配色的比例是否合适（7:2:1）

网页广告设计练习

根据本书的内容，试着实际设计一下网页广告吧。
全部6个练习。如果感觉困难的话就参考一下设计要点吧。

※“素材数据与文本”中的图片仅供参考，实际练习时请自己选用图片。

LESSON 1

编程学校的招生广告

委托内容

- 目标群体为20~40岁考虑换工作的年轻人
- 能够轻松体验的明快新潮的印象
- 使用手写体文字
- 配色使用浅色系，营造柔和的氛围

添加要素

- 文本
    - 编程大学（服务名称）
    - 180天实践型学习编程
    - 从入门到软件工程师
    - 点此领取免费体验课
- 操作电脑的人物图片

设计要点

- 因为文本量比较多，所以文字尺寸要张弛有度，布局时也要注意突出重点信息。
- 图片为方形时如果不方便配置，可以考虑将人物裁剪出来单独使用。

设计完成后带上
“#网页设计基础”的话题
发送到SNS上吧。

LESSON

2 土地利用在线咨询会的广告

委托内容

- 强调顾客满意度
- 用蓝色的文字和明体字传达值得信赖的印象
- 营造出可以轻松在线咨询的氛围

添加要素

- **文本**

  - 土地利用在线咨询会
  - 解决你有关土地使用的烦恼
  - 顾客满意度行业No.1
    ※2020年度调查
  - 建筑公司(企业名)

- **身穿西服的女性图片**

设计要点

- 强调顾客满意度的时候可以使用奖牌的设计。注意要突出“No.1”。
- 客户要求使用明体字，如果感觉文字线条太细的话可以用轮廓字来增加冲击力。

LESSON

3 参观翻新样板间的宣传广告

委托内容

- 营造出喜欢树木与自然的人喜欢的自然氛围
- “自然生活”用竖排布局
- 用大地色系，但不想画面太暗

添加要素

- 文本
  - 木质翻新
  - 自然生活
  - 翻新公司（公司名称）
  - 样板间随时公开
  - 点此预约
- 进行木质翻新的房间图片

设计要点

- 宣传语“自然生活”是整个广告的中心，可以考虑用竖排布局和换行来增加面积，吸引视线。
- 大地色系如果用得太多就会导致画面变暗，需要注意。

LESSON

4 清洁油的新品广告

委托内容

- 以白色为背景色，营造出女性喜欢的自然氛围
- 配置5种清洁油的图解
- 希望商品图片比女性的脸更加吸引视线

添加要素

- 文本

> - 新・洗面诞生
> - HADAMIRAI（商品名）
> - Organic OIL
>   1次5种清洁油配合
> - 橄榄/霍霍巴/芝麻/乳木果/红花

- 洗脸后的女性与清洁油的图片

设计要点

- 因为文本量比较多，所以需要通过调整文字尺寸使画面张弛有度。布局也要合理分区，让用户能够一目了然。
- 将人物剪切出来，营造出立体感和节奏感。

LESSON 5

专业学校的校园开放日广告

委托内容

- 用美式漫画风格营造出年轻人喜欢的流行氛围
- 配色尽量色彩鲜艳
- 让用户知道需要事先预约

添加要素

- 文本

  - OPEN CAMPUS 2022
  - 古庄商业专门学校
  - 学长们在等着你
  - 平日随时举办中10：00—17：00/需预约
  - 点此预约

- 学生们的集体照

设计要点

- 美式漫画风格需要配色有很高的饱和度，使颜色鲜艳。文字和对话框都要带有黑色的边框。
- 剪切集体照使用的时候，让人物的肩膀靠近一些会显得更好。

LESSON

6 观光巴士旅行广告

委托内容

- 传递出秋季红叶的魅力
- 使用日本京都街道的图片
- 传达和风印象

添加要素

- 文本
  - 日本京都红叶景点游
  - 当天往返巴士旅行
  - 5980日元畅玩一日
  - 稻富观光巴士（公司名）
- 红叶与日本京都的图片

设计要点

- 配置红叶的图片。
- 配色时也要考虑到与红叶的搭配。
- 使用和风花纹做搭配的时候，要在不破坏整体效果的同时营造氛围。

网页广告配色手册

手册中给出了不同颜色类别的搭配建议。不知道应该如何配色时可以作为参考。

下载配色手册（PDF版）

扫描下方二维码或者通过下方网址都可以下载。

https://book.impress.co.jp/books/1120101137

选择配色的关键

POINT 1 用包括白色在内的3种颜色来进行搭配

正如我在本书第一部分中提到过的那样，配色由主色、基础色和重点色这三种颜色组成。“白色+深色+浅色”的组合最为常用。深色和浅色如果使用同一色系，可以营造出和谐的氛围，如果用对比色则能营造出张弛有度的效果。

POINT 2 提高对比度

网页广告也可以使用华丽的配色，但基本上是使用3种颜色并提高对比度。如果对比度太低就难以吸引视线，在设计时务必注意这一点。

Red 红色

红色是非常显眼的颜色，也是网页广告中最常用的颜色。因为不管什么内容都可以搭配红色，所以即便是初学者也可以轻松地使用。

明快、时尚

RGB：255・0・42 #ff002a
RGB：253・255・212 #fdffd4

RGB：247・0・0 #f70000
RGB：121・254・248 #79fef8

RGB：251・58・0 #fb3a00
RGB：255・230・44 #ffe62c

RGB：255・55・15 #ff370f
RGB：223・255・116 #dfff74

沉稳、认真

RGB：206・29・29 #ce1d1d
RGB：242・254・237 #f2feed

RGB：255・69・49 #ff4531
RGB：250・246・240 #faf6f0

RGB：203・25・6 #cb1906
RGB：251・194・106 #fbc26a

RGB：212・55・47 #d4372f
RGB：255・222・218 #ffdeda

传统

RGB：190・28・8 #be1c08
RGB：250・216・78 #fad84e

RGB：194・2・18 #c20212
RGB：196・151・187 #c497bb

RGB：138・10・3 #8a0a03
RGB：188・145・77 #bc914d

RGB：192・1・0 #c00100
RGB：177・174・165 #b1aea5

Blue 蓝色

蓝色是能够传达安心感和信赖感的颜色。淡蓝色能传达出清爽的氛围，深蓝色则能传达稳重的氛围，可以通过调整颜色来引发不同的变化。

明快、时尚

RGB：2・135・221 #0287dd
RGB：190・237・183 #beedb7

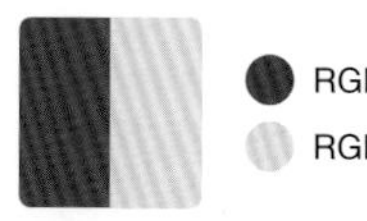

RGB：35・93・229 #235de5
RGB：255・231・251 #ffe7fb

RGB：25・133・197 #1985c5
RGB：255・247・234 #fff7ea

RGB：44・32・159 #2c209f
RGB：255・245・45 #fff52d

沉稳、认真

RGB：3・64・140 #03408c
RGB：136・200・253 #88c8fd

RGB：44・41・99 #2c2963
RGB：97・226・239 #61e2ef

RGB：20・38・84 #142654
RGB：65・170・206 #41aace

RGB：0・29・194 #001dc2
RGB：194・191・188 #c2bfbc

传统

RGB：61・46・126 #3d2e7e
RGB：236・220・22 #ecdc16

RGB：36・51・128 #243380
RGB：250・109・83 #fa6d53

RGB：38・40・70 #262846
RGB：157・223・224 #9ddfe0

RGB：10・0・119 #0a0077
RGB：186・134・185 #ba86b9

Yellow 黄色

黄色是很容易与其他颜色搭配的颜色。但黄色如果调低饱和度就会显得浑浊，调低明度就会显得昏暗，所以在使用时一定要保持鲜艳明亮的色调。

明快、时尚

RGB：255・255・1 #ffff01
RGB：48・60・61 #303c3d

RGB：255・254・2 #fffe02
RGB：0・73・118 #004976

RGB：246・231・13 #f6e70d
RGB：165・151・198 #a597c6

RGB：250・249・42 #faf92a
RGB：63・156・206 #3f9cce

沉稳、认真

RGB：255・218・0 #ffda00
RGB：187・156・0 #bb9c00

RGB：242・220・3 #f2dc03
RGB：223・1・1 #df0101

RGB：251・233・97 #fbe961
RGB：59・61・67 #3b3d43

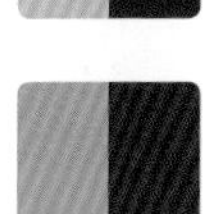

RGB：231・190・28 #e7be1c
RGB：130・67・55 #824337

传统

RGB：230・254・8 #e6fe08
RGB：219・208・180 #dbd0b4

RGB：226・229・28 #e2e51c
RGB：224・57・65 #e03941

RGB：237・255・25 #edff19
RGB：55・190・241 #37bef1

RGB：215・243・13 #d7f30d
RGB：253・120・157 #fd789d

粉色

用来传达可爱氛围的颜色。很容易给人留下明快、时尚的印象，如果调低饱和度又会显得沉稳。与其他颜色相比使用的频率稍低，但在想要突出可爱效果的时候非常重要。

明快、时尚

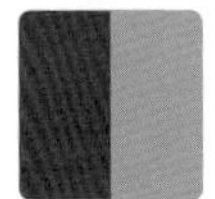

RGB：250・0・67 #fa0043
RGB：242・167・198 #f2a7c6

RGB：246・19・98 #f61362
RGB：196・255・183 #c4ffb7

RGB：235・5・73 #eb0549
RGB：255・224・39 #ffe027

RGB：255・99・103 #ff6367
RGB：50・240・252 #32f0fc

沉稳、认真

RGB：203・95・107 #cb5f6b
RGB：250・152・165 #fa98a5

RGB：229・120・127 #e5787f
RGB：88・55・116 #583774

RGB：217・79・91 #d94f5b
RGB：255・170・146 #ffaa92

RGB：205・58・99 #cd3a63
RGB：238・212・69 #eed445

传统

RGB：255・47・81 #ff2f51
RGB：51・246・89 #33f659

RGB：243・44・99 #f32c63
RGB：158・0・95 #9e005f

RGB：255・61・115 #ff3d73
RGB：29・152・217 #1d98d9

RGB：227・81・150 #e35196
RGB：135・13・26 #870d1a

Green 绿色

让人感到自然、健康的颜色。自然环保型企业最常用的颜色。在想要突出自然健康的印象时，可以用饱和度较高的新绿色来营造新鲜的氛围。

明快、时尚

RGB：45・207・51 #2dcf33
RGB：133・249・91 #85f95b

RGB：19・173・42 #13ad2a
RGB：157・211・254 #9dd3fe

RGB：39・225・17 #27e111
RGB：238・218・200 #eedac8

RGB：5・255・103 #05ff67
RGB：147・49・210 #9331d2

沉稳、认真

RGB：20・72・45 #14482d
RGB：98・177・105 #62b169

RGB：0・173・109 #00ad6d
RGB：255・149・72 #ff9548

RGB：51・178・40 #33b228
RGB：54・83・63 #36533f

RGB：5・96・66 #056042
RGB：118・148・52 #769434

传统

RGB：81・129・63 #51813f
RGB：214・186・47 #d6ba2f

RGB：150・201・73 #96c949
RGB：208・105・114 #d06972

RGB：106・185・75 #6ab94b
RGB：78・143・190 #4e8fbe

RGB：109・155・66 #6d9b42
RGB：247・198・3 #f7c603

Neutral color

中性色

中性色中的黑白色是很显眼的配色。此外，用灰色系做背景色与鲜艳的颜色搭配会充满现代感，用黑色系做背景色则很适合与柔和的颜色搭配。

黑白色

RGB：34・34・34 #222222
RGB：238・238・238 #eeeeee

RGB：153・153・153 #999999
RGB：221・221・221 #dddddd

RGB：68・68・68 #444444
RGB：247・247・247 #f7f7f7

RGB：170・170・170 #aaaaaa
RGB：204・204・204 #cccccc

灰色系

RGB：255・70・50 #ff4632
RGB：228・225・222 #e4e1de

RGB：9・180・75 #09b44b
RGB：210・199・199 #d2c7c7

RGB：27・166・170 #1ba6aa
RGB：245・244・244 #f5f4f4

RGB：255・155・12 #ff9b0c
RGB：229・229・228 #e5e5e4

黑色系

RGB：11・11・11 #0b0b0b
RGB：252・242・212 #fcf2d4

RGB：55・55・55 #373737
RGB：253・246・203 #fdf6cb

RGB：92・92・92 #5c5c5c
RGB：253・249・223 #fdf9df

RGB：111・111・111 #6f6f6f
RGB：249・232・198 #f9e8c6